科普理论与实践研究
RESEARCH ON SCIENCE POPULARIZATION THEORY AND PRACTICE

吴诗中 主编

科技展览策划与设计

PLANNING
AND DESIGN
OF SCIENCE
AND TECHNOLOGY
EXHIBITION

中国科学技术出版社
·北京·

图书在版编目（CIP）数据

科技展览策划与设计 / 吴诗中主编. —北京：中国科学技术出版社，2019.11

（科普理论与实践研究）

ISBN 978-7-5046-8395-3

Ⅰ.①科… Ⅱ.①吴… Ⅲ.①科学技术—展览会—策划 Ⅳ.① G301 ② J525.2

中国版本图书馆 CIP 数据核字（2019）第 217853 号

策划编辑	王晓义
责任编辑	罗德春
装帧设计	中文天地
责任校对	焦　宁
责任印制	徐　飞

出　　版	中国科学技术出版社
发　　行	中国科学技术出版社有限公司发行部
地　　址	北京市海淀区中关村南大街16号
邮　　编	100081
发行电话	010-62173865
传　　真	010-62179148
网　　址	http://www.cspbooks.com.cn

开　　本	710mm×1000mm　1/16
字　　数	150千字
印　　张	9.25
版　　次	2019年11月第1版
印　　次	2019年11月第1次印刷
印　　刷	北京顶佳世纪印刷有限公司
书　　号	ISBN 978-7-5046-8395-3 / G·828
定　　价	79.00元

（凡购买本社图书，如有缺页、倒页、脱页者，本社发行部负责调换）

本书编委会

主　　编　吴诗中

执行主编　王晓松

副 主 编　关　琰

编　　委　陶海鹰　王　鼐　魏　佳　金海鑫　裴　磊　徐　飞
　　　　　　宋　威　王旭东　赵　鑫　陈奕君　杨　滋　王　希
　　　　　　胡佳璐　李　麓　苗雨菲　韩坤炯　林雯雯　吴　楠
　　　　　　石　峙　刘孔梁　张雷山　朱　瑀　姜昊生　贺深深
　　　　　　于　晶　王思梦　王志胜　吴　桐　刘翰砡　金志城
　　　　　　熊木成

丛书说明

《科普理论与实践研究》丛书项目是为深入贯彻实施《全民科学素质行动计划纲要实施方案（2016—2020年）》，推进科普人才队伍建设工程，在全国高层次科普专门人才培养教学指导委员会指导下，中国科学技术协会科学技术普及部和中国科学技术出版社共同组织实施，清华大学、北京师范大学、北京航空航天大学、浙江大学、华东师范大学、华中科技大学等全国高层次科普专门人才培养试点高校积极参与，在培养科普研究生教学研究成果的基础上，精心设计、认真遴选、着力编写出版的第一套权威、专业、系统的科普理论与实践研究丛书。

该丛书获得了国家出版基金的出版资助，彰显了其学术价值、出版价值，以及服务公民科学素质建设国家战略的重要作用。

该丛书包括20种图书，是科普理论与实践研究的最新成果，主要涵盖科普理论、科普创作、新媒体与科普、互联网+科普、科普与科技教育的融合，以及科普场馆中的科普活动设计、评估与科普展览的实践等，对全国高层次科普专门人才培养以及全社会科普专兼职人员、志愿者的继续教育和自我学习提高等都具有较高的参考价值。

序　言

科技展览是弘扬科学精神的有效方式。近年来，科技馆举办的科技展览越来越受到观众的喜爱。科技馆已经成为向青少年进行科学教育的课堂。科技馆的科技展览补充和完善着中小学校基础教育阶段的科学教育内容。在科技馆的社会教育方面，科技展览弘扬科学精神、崇尚知识、尊重人才，培养公民良好的科学态度和科学价值观念。在对公众进行弘扬科学精神教育的过程中让公众学习科学历史、知晓科学事件、熟悉科学人物、活跃科学思维，有助于从整体上增强公众科学创新的动力，提升科学创新意识和增强科学技术实践的能力。

科技展览是传播科学思想的有效途径。科技展览越来越受到科研工作者的青睐，科技馆已经成为科学家和其他科技工作者传播科学思想和讲授科学知识的课堂。在这里，科学思想和理论更加贴近大众。观众不仅获得了科学信息，还培养了以科学的方法认识世界的求真精神。国外越来越多的科技馆开设了创客空间，国内科技馆也在开设科学家工作室。科学工作者都可以在此进行科学思想传播、科学理论研究和科学技术创新。创客空间、科学家工作室为全民科研工作创造了条件，搭建了科学交流的平台，为热爱科学的青年科技研究者或爱好者提供一定的科研条件，使一批有创新能力、有热情、有发明欲望的科学爱好者能够在此开展科研工作和科技发明创新。

科技展览是普及科学知识的公众平台。科技馆科学展览活动是提高国民素质的重要手段。2006年，国务院颁布《全民科学素质行动计划纲要》，开展科学普及工作，提高重点人群的科学素质以带动国民科学素质水平整体提高。2016年2月25日，国务院又颁发了《全民科学素质行动计划纲要实施方案

（2016—2020年）》，从政府政策层面进一步提升人力资源质量，推动万众创新。但是，我国全民科学素质的发展还不平衡，还与建设创新型国家的需求不相适应，公民科学素质水平与西方国家相比仍有差距。要满足需求、缩小差距就需要进一步加大普及科学知识的力度。科技展览是普及科学知识的公众平台，是加大普及科学知识力度的有效手段。

  弘扬科学精神、传播科学思想、普及科学知识，是科技展览策划与设计的目标。科技展览策划与设计的主要任务是通过科技展览将艺术设计形式和科学传播内容结合，对公众进行科学教育，让公众尤其是青少年了解科学，走进科学，从而激发青少年科学兴趣，培养青少年科学思想和科学精神。

  科技展览策划与设计的关注点是注重新时代的设计形式创新，与观众共享协调、绿色、开放的发展理念，注重以新的形式普及科学知识和科学研究方法。

  科技展览是科学和艺术的结晶。科技馆展示的科学展品是科学创新的成果，而科学成果的呈现形式是艺术设计作品。科技成果中包含着科学家的思想、科研工作团队的艰辛探索和大胆创新，而艺术作品中凝聚着艺术家的创作劳动，积累着艺术涵养，传承着文化基因。科技展馆中的科技展览的策划与设计工作是既有科技含量又有艺术设计品位的综合性很强的专业工作，艺术与科学这两个完全不同意义的属性在此得到了完美的结合。《科技展览策划与设计》具有科学与艺术的双重特质，既关注展览的科学技术属性，又有艺术审美特色，二者紧密结合。该教材还在科技展览的内容策划上进行了大胆探索，注重科学与历史、科学与文化、科学与艺术、普遍性的科学原理、地域性的科学特色等专项专题研究，为科学展览策划与设计提供了理论支持，并在科技展览大纲的写作上提出了明晰的方法和可行性建议。

  该教材在科技展览形式的设计上开展了研究，概括了科技展馆与科技展览创意空间形式，对常规形式与特殊形式、静态空间与动态空间、物质空间与虚拟空间、交互演示与对话体验、物理空间与心理空间、过渡空间与公共空间等提出了独到的见解，并列举了与以上空间相关的展览空间案例，所选取的案例，兼具国际和国内、一般性和特殊性等不同的背景，既有具体的问题也有解决问题的具体方法。

自从 1851 年伦敦水晶宫博览会之后，人类对展示工业生产和科学技术研究成果的热情从未消减。除定期和不定期的各类展览以外，科学技术馆、自然科学博物馆、地质博物馆、科学研究中心等长期性的科技博物馆相继建立，以相对稳定的场地、空间和形式举办的不同专题、主题展览在科技教育中的作用日渐重要。科技展览的设计需要大批的专业人才，该教材的出版必将为科技展览策划与设计专业人才的培养工作注入新的营养。

清华大学美术学院前院长　王明旨
2019 年 2 月 4 日

目 录

绪论 ·· 1

第一章 概述 ··· 5

　第一节 科技展览与培养全民科学素质 ··· 7
　　一、科技展览在培养全民科学素质活动中的意义 ································· 7
　　二、科技展览如何有效提升全民科学素质 ··· 11
　第二节 科技展览的设计创新 ·· 14
　　一、新时代新观念 ·· 14
　　二、以体验为目标的设计创新 ·· 15
　　三、科技展览的类型及特点 ··· 17
　　四、科技展览的创新设计原则 ·· 18
　第三节 科技展览的设计方法 ·· 19
　　一、科技展览中的技术与艺术 ·· 19
　　二、科技展览设计流程 ··· 22
　第四节 科技展览的发展趋势 ·· 24
　　一、可持续发展 ··· 24
　　二、数字科技的运用 ·· 26

第二章 内容策划篇 ·· 31
　第一节 科技展览策划 ··· 33
　　一、科技展览内容策划 ··· 33

二、科学与历史 34
　　三、科学与文化 35
　　四、科学与艺术 36
　　五、普遍性的科学原理 38
　　六、地域性的科学特色 39
　　七、主题与专题 40
　第二节　展览大纲写作 41
　　一、弘扬科学精神，传播科学思想，普及科学知识，
　　　　表现科学成就 41
　　二、科普信息交流与科学传播方式 42
　　三、科技展名和标题 44
　　四、展览内容和正文写作 47
　　五、体现重点，渲染亮点，分清主次，有条不紊 48
　第三节　科技展项与科学原理 49
　　一、展示基础科学的互动展项 49
　　二、表现自然与环境科学的互动展项 52
　　三、航空航天科学原理互动展项 57
　　四、信息科学原理互动展项 62

第三章　形式创意篇 71
　第一节　科技展馆与科技展览空间创意 73
　　一、科技展馆的外环境设计 73
　　二、科技展馆的人流控制 80
　　三、科技展览在科技展馆中的空间形式 83
　　四、常规形式与特殊形式 86
　　五、静态空间与动态空间 89
　　六、物质空间与虚拟空间 91
　　七、交互演示与对话体验 94
　　八、物理空间与心理空间 97

　　　　九、过渡空间与公共空间……97
　第二节　科技展览的形式设计程序……99
　　　　一、平面布局与参观流线……99
　　　　二、设计理念与创意草图……101
　　　　三、3D 建模与渲染……102
　　　　四、CAD 制图……102
　　　　五、设计工作节点……104
　第三节　科技展览的视觉传达设计……105
　　　　一、字体设计应用……105
　　　　二、图形设计……107
　　　　三、版式设计……112
　第四节　科技展馆标识导向系统……121
　　　　一、户外标识……122
　　　　二、展馆室内指引……130

参考文献……135

绪　　论

　　在展示设计的学术领域，公认1851年的伦敦世界博览会是工业时代展览展示设计的起点。也就是说，迄今为止，展示设计已经走完了168年的历程。展示设计是一个服务性的领域。世界博览会是人类社会发展的里程碑，在这些重要的发展里程碑上，展示设计都做出了贡献。展示设计在人类社会的发展中发挥了积极的作用。

　　展示设计是一门艺术。在信息时代，它综合了传统的艺术学、设计学和建筑学等多项艺术学科的艺术成分，不断更新观念，集合当前的新技术，形成了新的艺术设计学科。从事这门新的艺术设计学科除了要具备艺术知识之外，还要具备工业、农业、科技、军事等多方面的知识，因为展示设计专业的服务领域包括农业、工业、科技、国防教育等科学知识。

　　既然是艺术就必须具备艺术的特性，符合艺术的规律，满足艺术审美的评价标准。当代设计艺术最大的特性就是创意。王明旨在《信息时代呼唤新创意》一文中指出："条件""需求"和"创意"是设计的3个要素。当客观条件发生变化时，人们的需求会随之变化，创意也会不断出新。作为设计艺术而存在的展示设计必将设计创意作为展示设计的第一要素。这是本书需要强调的一个重点。

　　在科技类展馆的展览展示设计中，对展览展示的策划与设计工作提出了特殊的要求。科技类展览的目的是向民众传播科学思想，弘扬科学精神，普及科学知识，宣传科学成就。应对这一要求，科技类展览的策划与设计在具有设计艺术学基础知识的前提下还必须具有自己独特的科学技术条件。

　　科技类展馆展览的策划与设计的独特条件表现在以下几个方面。

1. 科学知识性。在展览策划的初期阶段就应该突出科学性和知识性的特点，在展览的展示内容上重点突出宣传科学思想，在科技展项上重点表现科学原理，在图文叙事上重点描述科学历史和科学成就，让观众在观展中获得知识、受到启迪、提升科学素质。

2. 历史时代性。原始社会人们对自然现象认识不足，处于愚昧状态；农耕时代人们对社会有了初期的认识；工业时代，人们观察世界获得的科学发现、开展科学研究取得的科学成果浩如烟海。在展示活动中，工业时代的金属和木材制作工艺、机械生产、电子集成等技术统治展示行业100多年。人们依据这些技术进行展示设计和展览制作已经成为工业时代展示行业的习惯。信息时代人们对世界的认识有了新的突破，颠覆了以往的世界观。人们不再受物质世界的束缚，摒弃了传统的方式，将眼光投向非物质形式的虚拟世界。从技术层面上讲，当前的展览展示行业与工业时代有很大的区别。信息时代的数字控制、数据采集、数据储存、数字设计、数字影像、流动媒体、网络传播等信息技术的出现冲破了工业时代的桎梏，将人们的思想观念从工业技术的基础上提升到信息技术的层面。尤其是虚拟技术的出现，让人耳目一新，感觉世界真奇妙。依据这些新的技术开始制作动态的、神秘的、虚幻的、摸不着的、让人更感兴趣的虚拟与交互展示项目以吸引人们的眼球。所以在当前科技展览的策划中，设计师要注意满足时代要求，注重时代特色。

3. 科普教育性。科技展览的设计要注意满足民众科技文化需求和提高自身科学素质的愿望，中国科协2016年制定的《中国科协科普发展规划（2016—2020年）》对科普发展的具体指导思想是：以《全民科学素质行动计划纲要》实施为主线，以科普信息化为核心，以科技创新为导向，以群众关切为主题，以政策支持为支柱，以市场机制为动力，着力优质科普内容资源、科普阵地条件、科普社会动员机制建设，推动科普人才和科普产业发展。

科技展览的设计要注重向民众普及科技知识，提升他们的科学素质，提升"科普中国"的示范性和影响力，推动科普展览、科普产品、科普展项的研发与创新。

4. 艺术趣味性。现代的科技展馆不再是传统的展览模式，策划中要参照现代科技展馆体系标准，突出信息化、时代化、体验化、标准化、体系化的特色，把虚拟现实、交互体验等技术作为科技展览展示教育的主要手段，以"超现实体验、多感知互动、跨时空创新"为核心理念，设计虚拟现实的科技类展览，让观众在看得见、摸不着，能对话、不见人、有体积、没重量的虚拟环境中体验、参与科学原理的互动。让观众被展览的趣味性所感染，有兴趣投入展览，感受科学展项的艺术性特色。

5. 可持续发展性。自第一届世界博览会举办以来的 168 年里，地球上发生了很多大事，对人类社会发展造成很大影响，最为严重的是地球资源问题。工业革命以来，由于人类过度地开采，导致自然资源枯竭，能源危机影响着人类社会的发展，也影响了展览展示行业的发展。展览展示行业的可持续发展便成为一个重要的议题。在展览展示设计领域坚持可持续发展观念，怎样既满足展示行业的需求又不过度的消耗资源，不对环境造成损害，维护自然系统的正常运行是展示设计领域的大事，也是设计艺术学科的大事，还是本书要强调的另一个重点。

展览展示策划与设计在长达 168 年的时间里，随着世界的改变也发生了巨大的变化。人们对展览艺术的评价标准和对科学认识的思想观念，以及设计师在策划与设计活动中采用的技术手段等方面有了全新的认识。在人们以往的意识中，展览和陈列的目的是将图片和展品摆放出来给人看，如何摆放是展示设计师的工作。设计师想了很多很多的办法，设计很新很新的方案，采用很好很好的措施来摆放展品，但这终究是摆放。近年来的科学技术的进步尤其是数字技术的突飞猛进改变着人们的思想观念，设计不再是摆放，而是融入。当代展示陈列设计要求展览的陈列品不再是被动的让人看，而是观众与展品、观众与展示内容、观众与展示环境之间形成一个和谐的气场。在这个"气场"里，观众与科学思想、观众与展示情节、观众与物、观众与环境是相互交流相互对话的关系。观众从过去的被动参观地位转变成为展览展示环境中的主要角色，这是近年来展览展示行业发生的一个巨大的变化。

科技展览的内容策划者和形式设计师应该注重展览科学思想和科学知识普及性，关注在科技展览中体现艺术趣味性特点，在可持续发展理念下与人类的生存环境和谐共生，共享人类科学发展的未来。

第一章
概　述

进入 21 世纪，人类进入了有史以来社会发展速度的快车道，科学技术的发展日新月异，各行各业的发展水平都被提升到了前所未有的高度。在我国，工业、农业、信息产业、国防等在科学技术条件的支持下取得了辉煌成就。近几年，国家正在有计划地建设科技展馆，并在科技展馆中有计划地举办科技展览，使公民都能够到科技展馆观看科技展览，在观展中受到启迪，接受科学教育。这是弘扬科学精神，传播科学思想，普及科学知识，提升公民素质的一个有效措施。

第一节　科技展览与培养全民科学素质

一、科技展览在培养全民科学素质活动中的意义

2006 年，国务院颁布《全民科学素质行动计划纲要》，并提出科学素质是公民素质的重要组成部分。根据有关调查，我国公民科学素质水平与发达国家相比差距很大，同时公民科学素质的城乡差距也十分明显，农村劳动适龄人口科学素质总体水平不高；大多数公民对于基本科学知识了解程度较低，在科学精神、科学思想和科学方法等方面更为欠缺，一些不科学的观念和行为普遍存在，愚昧迷信在某些地区较为盛行。公民科学素质水平低下，已成为制约我国经济发展和社会进步的瓶颈之一[①]。

公民科学素质建设对提高国民素质、树立国家形象、推动国家发展、促进中国经济建设等起关键作用，产生重大影响。公民科学素质提高的主要途径是社会教育，而知识传播是社会教育的一种有效途径。这个过程类似于"滚雪球效应"。人类学习和创造能力的提升是一个逐渐积累的渐进过程。人类大脑具有不可忽视的潜力，但它不可能无中生有。刚出生的孩子，如果没有外界传递

---

① 上海市公民科学素质工作领导小组办公室. 全民科学素质行动计划纲要［M］. 上海：上海科学普及出版社，2007.

给他的任何信息，大脑就不能得到正常的发育，也不可能产生正常的智能，这一点可以从出现过的狼孩案例身上得到佐证。大脑越多地获取知识，就越有可能提升其创造新知识的能力。而有效的知识传播，可以让社会教育惠及大众，滴水成河，对持续提高公民的科学素质和创造力具有积极作用。

知识传播是通过将知识成果所蕴含的物质、精神、思想等方面的内容进行加工和转化，通过特定传播媒介，面向特定人群，进行有序传达、互动和交流的社会活动，是知识经济的主体。

现代社会，知识处于不断更新和快速积累的状态：从个体角度看，教育和学习将会伴随人的一生；从社会角度看，知识传播是将知识成果进行转化和应用的前提，没有知识传播，知识成果就不可能实现其价值。例如网络这一新兴事物，如果仅停留在实验室，就不可能出现如今遍布世界的互联网及相关产品，也不可能出现这么庞大的使用人群。网络相关知识的传播让人们可以创造自己的网站和应用，在实现其经济价值的同时，也让受众享受到网络带来的便利。

知识依靠有效的传播活动实现价值。在各类知识传播的活动中，科技展览和博览会是最受大众欢迎的形式，其影响力也远远大于其他类型的知识传播方式。科技展览和博览会一般利用人们喜闻乐见的形式，定期将前沿的科技成果，以实物、版面或互动媒体等形式，在一定的物理空间中呈现出来。展览地点一般会选择交通便利的场所，便于人们参观，一个好的博览会、展览会能吸引成千上万的观众前来观摩，同时，通过大众媒介的影响辐射到社会其他群体。例如，2010年的上海世博会（图1–1），迎风飘扬的是前来参加上海世博会的众多国家和地区的旗帜。据有关方面统计，这次博览会共计有190个国家和56个国际组织的246个参展单位参展，吸引了来自世界各地7308.44万人前来参观。上海世博会中国馆（图1–2）获得了国际上好的评价。上海世博会最受观众和设计师青睐的为英国馆（图1–3）。位于中国国家馆内的北京馆（图1–4），在醒目的位置陈列着可爱的福娃。据世界纪录协会统计，从5月1日到10月31日，上海世博会一共举办了184天，却有12项纪录入选世界之最，实际收效超过了预期。上海世博会通过展前的预热报道和展览过程中的口碑相传，激发了国内参展民众空前高涨的热情。博览会场人声鼎沸，大众从参观活动中了解了国际科技的前沿成果及各国不同的文化知识，丰富了视野，促进了各国贸易和文化交流，

第一章 概 述

图 1-1 前来参加上海世博会的各个国家的旗帜　　　　　　　　　　　　　　　　　　　摄影：朱 瑀

图 1-2 上海世博会中国馆　　　　　　　　　　　　　　　　　　　　　　　　　　　　摄影：关 琰

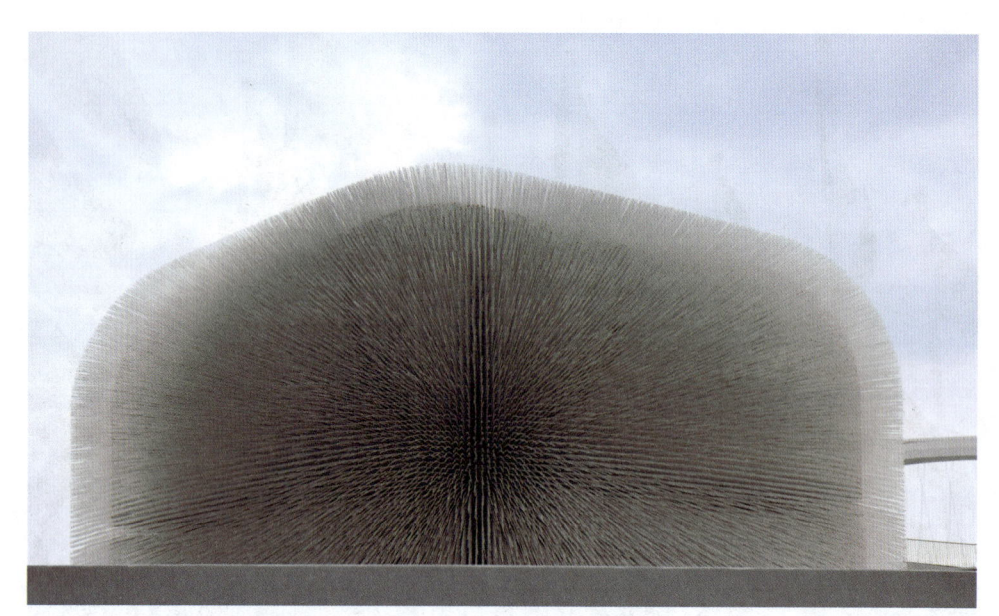

图1-3 上海世博会 英国馆　　　　　　　　摄影：关 琰

图1-4 上海世博会 中国北京馆　　　　　　摄影：朱 瑀

起到非常好的科技普及和大众教育作用。

科技展览和科技博览会作为知识传播的有效途径之一，提供了一个面向大众传播知识、接受知识的重要场所。一方面，科技展览作为一个窗口，可以使新科技和新知识对外进行公布和呈现，为知识创造者提供了传播和交流的途径；另一方面，科技展览作为参与性较高的社会活动之一，既丰富了人们的业余文化生活，又帮助人们在乐于接受的情况下获得了知识。参观科技展览和科技博览会，是一种主动学习知识的行为，其学习效果自然要比那些被动接受知识的情况更为显著。好的展览可以在短时间内将科技知识传播给大众，再通过社会媒体和观展群众的口碑传播，让影响力不断传播到更广泛的人群，有利于推动社会知识经济的发展。

二、科技展览如何有效提升全民科学素质

科技展览通过大众媒体和口碑传播，会不断扩散其影响，引发社会效应，吸引越来越多的关注，成为人们茶余饭后的谈资。好的科技展览能给人们留下深刻印象，对普及科技知识，提升全民科学素质起到非常积极的作用，对青少年尤其具有教育意义。

中国人口众多，区域发展极不平衡，培养和提升全民科学素质，任重而道远。这需要全社会的努力，尤其需要政府、企业、院校和研究单位的多方支持。不过，过于说教式的展览，不能引起观众的共鸣，也就无法起到传播和教育的作用。为了充分发挥科技展览的作用，除了需要政府和企事业单位的支持外，还需要做到以人为本，发挥创意设计的力量，让人们在观展过程中感受到多维度时空体验，兼顾知识性、趣味性和审美性。

首先，科技展览应当遵循以人为本的原则。看展览就是一次时空观览体验。从入口到出口，一路走来，一路看来，随着时间流逝，人们在空间中行走，用五感和五官感受周围一切，等走出展馆，观览过程中获得的各种认知就会沉淀下来，真正能被记住的不是文字，不是信息，而是体验。一个展览，如果能够考虑不同背景人群的需要，从体验入手，摒弃说教式或叫卖式传播，不但能够吸引观众前来，而且能够最大限度地将展示的内容让观众理解。体验是获得最佳认知效果的传播和教育途径。良好的观展体验，可以获得观众口碑，

从而产生对社会更广泛的辐射和影响。

多维度体验设计可以通过展示空间、展项、在线展览和服务四管齐下的方式，扩大展览的传播影响力。展示空间通过空间造型、光线和色彩等营造氛围，展现意义，形成层次，引导参观顺序和节奏，形成展览的总体格调。展项通过巧妙的创意给观众带来感官刺激，吸引人们的注意和参与的意愿，达到形式与内容的统一，完成传播知识的使命。在线展览通过社交媒体、网站、公众微信号、数字博物馆等媒介进行跨地域和时空的传播，使无法到达现场的观众也能够获得自己感兴趣的内容。位于日本东京的日本科学未来馆逆算与思考未来交互展项（图1-5），观众在此进行思考，10年后的地球是什么状况？20年后的地球又是什么状况？30年或者50年后地球的情况如何？想象一下理想的未来，思考一下现在的你能做什么来保护地球。在这个思考未来的展项中，观众可以体验互动游戏，可以设想在50年后留给后代的是什么，当前我们又应该做什么来保护我们的地球，怎样为下一代造福。在展项前，观众可以深入思考如何通过战胜无数挑战来实现理想的生活方式，如何利用当今的科学技术，把理想变成现实。通过想象未来，反思并摒弃不可持续发展的奢豪消费负面观

图1-5　日本科学未来馆逆算与思考未来交互展项　　　　　　　　摄影：关　琰

念。该展项采用全方位的立体设计观念，不乏新意的同时保持了节奏美感，凸显了科技展览的特质，给观众留下深刻印象。

展览服务是提升体验的一种途径，展览服务包括展览现场的服务，如展览秩序、公共安全的维护，提供休息空间和餐饮服务，提供交通上的便利，预防恶劣气候的不利影响，为弱势群体和身体活动障碍的人士提供帮助，此外，还有预约售票和导览服务等。个性化导览服务可随时随地满足观众的意愿，例如，可提供展品解说、路线导航、记录、社交和游戏等服务的移动导览。如在参观美国自由女神像（图1-6）时，游客可以通过手持语音导览了解较为详细的关于自由女神像的背景信息。

图 1-6　美国自由女神像语音导览　　　　　　　　　　　　　　　　摄影：关　琰

一些科技展览还设计制作了相关纪念册和纪念品等科技文创品，摆放在纪念品店里销售，满足人们希望留下记忆、纪念和馈赠亲朋好友的愿望，展览主办方也可以从商业营销活动中抵消一些举办展览的成本。

总之，一个好的展览离不开策划、设计和管理。展览的策划、设计应紧跟时代发展，内容新颖，形式多样，符合大众审美需求，具有时代特征，要考虑可持续发展，杜绝浪费和环境污染。综合运用现代媒体技术，扩大展览影响力，才能高效实现科技展览的社会教育职能。

第二节　科技展览的设计创新

一、新时代新观念

科技展览面向的是公众，尤其是青少年。科技馆、博览会、博物馆等是科普知识传播的最佳场所。科技展览的目标是将知识通俗化，寓教于乐，培养大众的科学意识和树立正确的观念。它不能是简单枯燥的说教，而必须考虑公众的愿望、需求和兴趣，要使公众乐于接受，引发公众深入探究的兴趣。

科技展览创新需要科技和艺术的完美结合，例如运用AI相关技术设计光影变化、空间造型、视听信息等，将展示空间塑造成具有一定智能的可交互环境，使它可以感知观众的观展活动，在必要的时候对观众进行引导，让展品和观众能够通过某种方式进行对话。这种对话除了传统的展示与阅读之外，也可以通过肢体语言实现。观众可以操纵机械装置或被环境中看不见的感应系统所识别，展览内容则根据这些交互行为进行相应反馈，触发环境氛围、视觉、声音甚至气味等的改变。这样的自然互动，可让观众被环境所吸引，体会到融入感乃至超越时空的感受，与环境对话的过程将成为一种经历和体验，甚至是富有创造性的活动，让人兴趣盎然，久久回味。

技术的潜力可能需要设计师去挖掘、去发现。设计师需要秉持"以人为本"的设计思想，在满足科学性、真实性的前提下，最大限度地提高观览的趣味性和参与感，缩短观众与展览的心理距离，打造良好的观展体验设计。这是实现科普展览创新设计的主要目标。

国内展览设计水平与国际展览设计相比还有差距，有人认为资金投入不够是主要问题。虽然这也是可能存在的原因，但目前最值得我们警觉的还是国内观念僵化，创新意识不足等问题。传统科技展览模式受到开放时间和展览场地的限制，信息内容有限，观众缺乏参与感，展出形式多是静态的展品、版面、标示牌等的组合，一些互动装置也因方式单一、信息量小等因素逐渐丧失吸引力。运用数字化手段，可以有效改变科普馆现状，"数字化"不但代表人们生活方式的全面变化，也引领着世界博览艺术的发展方向，它可将实体展览空间、虚拟观览空间和观众紧紧联系在一起，将观览活动从线下到线上，从现实到虚拟，形成一体化无缝衔接的系统知识服务解决方案。

二、以体验为目标的设计创新

数字化声音、数字化影像以及数字化场景，丰富了当代人的感官和审美经验，也预示着一个新的"体验经济"时代的到来。网络与多媒体，更打开了比传统媒介更为丰富和深层的感知渠道，人们已经远远不能满足于传统的展示方式，新技术的融入，为科普知识的展示形式带来诸多可能，互动体验设计创新正是连接科学与艺术之间的桥梁。日本东京的多媒体创作团队 TeamLab 举办的互动媒体展（图 1-7、图 1-8），充分发挥了数字媒体技术的特点，创造了一个美轮美奂、虚实相融的体验空间，人们沉浸其中，流连忘返。

图 1-7　日本东京多媒体创作团队 TeamLab 的展览（1）　　　　摄影：姜昊生

无论是博物馆、科技馆的管理者还是展览的布展设计师，都应该更新设计观念，提升审美水平，从互动体验设计的角度切入，突破过去以静态展品或图像为主、受展厅空间限制、边走边看的线性陈列方式，从展示目的出发，从人的认知规律出发，充分利用新技术的优势，丰富展示的表现形式，提高观众的参与意识，使信息表达逐渐脱离物理空间的限制，让科普知识以多维度、富交互和生动宜人的形式，真正走进人的心里。

图 1-8　日本东京多媒体创作团队 Teamlab 的展览（2）　　　　　　　　摄影：姜昊生

科技展览中的体验设计强调用户与信息内容的互动和体验。观众的参与程度和观览时间是一个可变量，互动设计可使观览过程成为个性化、多方位的体验活动。多通道感官体验能够加深对信息内容的理解，交互形式和过程应有助于引导观众主动注意和参与，一旦观众的兴趣被激发，参与的过程将会是轻松愉悦、充满探索和挑战的。

在科技展览中运用交互媒体作为信息传达的方式已经被证实十分奏效，在国内外各大博物馆、科普博览、世博会等场所被广泛采用。未来，富媒体富交互的体验设计在展示领域也将发挥更大的作用。

例如，2005年，在日本爱知县举办的世界博览会运用信息技术进行互动展示的大量案例是此次展览的亮点，整体效果十分突出。美国展区（图1-9）的一个体验区，图1-9左侧图所示是展区入口的富兰克林雕像，人物雕像的手中握着一根通往天花板的发光线，让人们联想到富兰克林雨中亲身探索闪电的故事。展区内环绕四周的几块巨大屏幕上，真人大小的富兰克林给人们讲述着他的故事，观众仿佛置身其中，穿越回上个世纪，与富兰克林面对面聊天，听着故事，不知不觉受到感染，这种体验令人难忘。

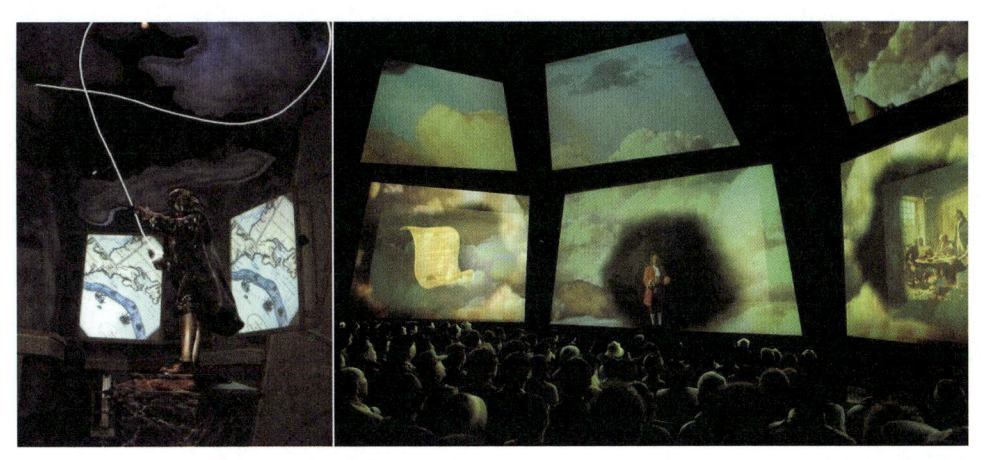

图1-9　2005年日本爱知县世博会美国展区　　　　　　　　　　　　　　摄影：关　琰

科技展览是一个国家或地区文明发展程度的重要标志，当代世界科技展览的发展趋势表明，现代科技展览担负着面向社会、服务于公众的科技教育和信息资料咨询的职能，随着社会的进步，科技展览将更加关注如何以更多富有乐趣的体验向人们传播知识。

三、科技展览的类型及特点

科技展馆中的科普展览一般有两种类型。一种是常设性展览，多在城市修建相对固定的展览空间，展出时间长，展品丰富多样，如博物馆、科技馆或科普馆等。另一种是临时性展览，多以公益宣传、新科技产品推广为目的，展出时间短，有明确的主题内容，如农业科技成果展、儿童玩具展等。展出地点可能设在已建成的公共场所及文化娱乐场所等，或者重新进行场地建设，如前面（图1-1、图1-2）提到的2010年的上海世博会展览场地，虽为临时展览，但由于展出单位众多，参观人群众多等因素，场地由政府选址专门建造而成。

科技展馆的公共场所是信息发布的集散地，公共场所的知识传播主要集中在某些文化娱乐场所和其他公众场所，例如广场、机场、火车站候车厅（站）、公园、博物馆、展览、发布会活动等，有临时性展览，也有常设展览。

科技馆的展览策划设计与管理需要长期且大量的投入，施工周期长，常设展览展示内容相对固定，后期维护和运营需要配备一整套管理系统及从事行政和服务的团队，一般需要统筹规划设计。展览场地和展项相对固定时，一次投入可反复使用若干年，因此其设计和施工也应当坚固耐用，容易维护，内容和形式应保证在若干年以后仍具有传播价值和易用性。相比之下，临时性展览投入少，内容和形式的时效性强，布展所需材料及结构工艺应当易拆装，且具有可持续性和环境友好性。

四、科技展览的创新设计原则

科技展览在策划、设计和布展实施过程中应当符合以下几个原则。

（一）通用性原则

通用性指适用受众范围广，即设计应当适应于不同文化背景、不同地域的人群、不同年龄的受众。公共场所的知识传播重在宣传和普及公益性知识、科学性知识以及地域文化、历史和科普等普及型知识，受众面广泛，传播形式应通俗易懂，考虑不同知识背景人士的习惯和接受程度。

（二）参与性原则

参与性是指人的行为与媒介相互渗透，相互影响，形成近乎一体的表演形式。多媒体剧作为一种新兴的表演形式，很好地借助了新媒体的融入特性，根据演员的舞蹈、行动或情节，使舞台布景产生实时的动态变化，成为舞台表演的艺术化注解。参与性是有效获取知识的重要途径，也是新媒体作品获得人们青睐的重要原因之一。

第三节　科技展览的设计方法

一、科技展览中的技术与艺术

目前，科技展览逐渐与网络联结起来，数字博物馆的概念对很多人来说已经不再陌生。数字技术改变和扩充了科普馆的原有职能，它的应用显示了广阔的前景。动态交互内容、虚拟的三维空间、仿真的视听环境、多维的展示界面等使展示形式更为丰富，展品变得生动而丰满，科技文明发展的脚步活灵活现地深入到观众的心里。

数字媒体技术使从事布展的设计师有了更大的创意空间，同时也对设计师提出了更高的要求。科学与艺术的融合是激发设计师创作灵感的钥匙，设计师应当在充分了解新科技的基础上，根据需要创造性地加以利用，为推动科普展览的现代化作出贡献。

例如，现代博物馆利用三维扫描技术与虚拟现实技术，对珍贵文物进行保护，在提高文物展出率和改善展出效果等方面都发挥了强有力的作用。三维扫描能将文物扫描成三维数据，在电脑中建立文物的三维数据库，包括2D影像、2.5D动画等，它们被用于生成虚拟环境或者运用到多媒体界面中，配合语音、文字等信息，观众既能观看仿真的实物模型，还可以了解到文物背后的故事。此数据库可以被用到网络上，向社会传播，而不会有损文物本身的安全。

斯坦福大学电脑图形实验室的数字化米开朗基罗项目（图1-10），大师的雕塑通过3D扫描进行数字化，然后制作成互动内容供人们观看，该项目在保存历史文化遗产方面率先作出了尝试。目前，3D扫描技术已经在博物馆馆藏文物保护中得到了普遍应用。

日本科学未来馆儿童脑认知互动展区（图1-11、图1-12、图1-13）在设计上，使用了大尺度的儿童图书作为主视觉元素，采用活泼的色彩，简单易懂的画面、小游戏，适合儿童的尺度以及简单有趣的互动操作等儿童友好性的设

图 1-10　美国米开朗基罗作品数字化项目　　　　　　　　　　　　　　　摄影：关　琰

图 1-11　日本科学未来馆儿童脑认知互动展区（1）　　　　　　　　　　摄影：关　琰

图1-12　日本科学未来馆儿童脑认知互动展区（2）　　　摄影：关　琰

图1-13　日本科学未来馆儿童脑认知互动展区（3）　　　摄影：关　琰

计，成功吸引了孩子们的注意力。科技在这里恰到好处地通过符合儿童认知和爱好的艺术形式进行了适当的表达，毫不张扬地融入了设计的细节，极大地提高了孩子们参与的积极性。不但孩子们通过和屏幕画面进行互动，潜移默化地增长了知识，甚至成年人也会被吸引过来久久不愿意离去（图1-14）。

图1-14　日本科学未来馆儿童脑认知互动展区（4）　　　　　　　　摄影：关　琰

二、科技展览设计流程

科技展览布展设计通常需要和多种知识背景的人员进行合作，布展设计师、软件工程师、硬件工程师、项目管理人员、可用性专家等，一般应当按照以下的设计程序和设计方法开展工作。

（一）进行设计调研，明确设计内容和目标，提出策划方案

在布展设计之前，首先应当通过多方调研及与甲方的沟通，了解科技展览的性质，如是否为临时性展览？是否永久陈列？科技展览的目的、内容和希望达成的目标是什么等。对一个具体的科技展览的科普展示项目，还应当考虑展览场地、材料场地需要、经费预算、加工技术能力等方面的因素，增

强布展方案的可行性。尽管交互设计的适用性广泛，也不可滥用。在科技展览的策划前期，要根据科技展览的总体规划和总体内容的需要有选择地采用。

（二）收集资料，整理素材

应当在充分理解科技展览布展设计目标的基础上，收集必需的资料和素材，也包括国内外最新相关技术、与表达内容相关的素材等，收集素材的过程也有助于加深对表达主题的理解。可以收集的资料和素材形式有图书、文献、照片、图版，还有文字、史料、科学实验成果、科学研究成果、创新成果，还有科学家、名人的讲述以及录音和记录影像等。

（三）进行创意构思，绘制草图方案

在科技展览创意设计中除了必不可少的常规的布展形式外，也应当注重对交互方式、交互界面、展示形态和可能采用的技术方案进行设计，绘制草图。其中交互方式的设计需要最先规划，可以将交互方式理解为怎样讲故事、是由人的什么行为来触发、交互系统以什么形式进行反馈、表达的内容以什么方式呈现等来思考。作为交互界面设计的基础，交互界面包括软界面和硬界面。目前，展示中常用的交互硬件界面有多媒体触摸屏、按键、鼠标球、屏幕、传感器识别、摄像头识别、语音识别、动作识别、人脸识别、数据手套、立体显示、CAVE显示等；软界面包括图像、声音、动画、视频、虚拟仿真环境、人工智能控制等。展示形态设计内容包括场地面积、空间形式、装置造型等。可能采用的技术方案是指对交互装置的实现方式进行可行性分析和策划，保证交互设计方案能够实现。

（四）对布展设计方案进行评价和修改，确定最终方案

对布展设计的评价和修改要贯穿设计过程的始终，包括对方案的美学评价、可用性评价、用户体验效果评价、成本评估等，直到满意为止。一个实际的科技展览布展设计项目，可能会受到直接制作成本和间接制作成本等各种因素的制约，甚至有材料突然涨价、运费提高等不可预见因素的巨大影响。因此在保证布展设计效果的基础上还应当考虑科技展览实际要花费的制作成本。

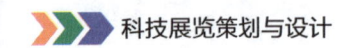

（五）设计方案交付，进行软、硬件内容的制作

设计方案交付时应提供交互设计原型（使用多媒体软件制作成具有交互功能的演示稿）、相关图纸（包括界面设计、展示造型、技术解决方案图纸等）。设计交付是指交付完成的交互原型，此原型应具有模拟界面、模拟动态交互过程的功能，并以此交互原型为样本，进行深入地设计与制作，制作包括软界面、硬界面、结构装置等。

笔者曾经参与地质博物馆和其他一些博物馆的交互设计项目，并对项目实施后的实际效果进行了反思和总结，认为交互装置既要新颖、美观，与所传达的内容相协调，还要有良好的可用性，并应结实耐用。科普展示中的交互设计跨越了许多交叉的专业领域，如信息设计、工业设计、展示设计、软件工程、电子工程、精密仪器、机械制造、游戏心理学及脑认知科学等，需要多方面的专家进行合作，同时交互设计师应当具有广泛的知识面和交叉领域的基础知识，了解国内外相关领域的最新发展动态，只有这样才能使设计既合理可行又具有新鲜活力。

目前，我们所处的时代科技快速发展，带来诸多新的可能和新的问题，身处社会变革的风口浪尖，机遇和挑战并存。在数字化生存条件下，情感驱动的需求将是主流，科技只有经过优秀的创意设计才能产生更大的价值，好的设计创意将会是企业制胜的关键。在数字媒体领域，要成为优秀的科技展览创意设计师，需要跨学科思维，并学会应对未来变化的学习能力。

第四节　科技展览的发展趋势

一、可持续发展

如今，科技迅速发展的背后，是地球资源过度消耗以及环境污染严重等问题，可持续发展是摆在人类面前的重大课题。过去，举办一次科技展览，存在大量材料浪费和环境污染等问题，对于这种现状，我们必须牢记以下几点：运用可持续发展的理念来办展览，让社会资源得到最佳利用；减少材料损耗，增加材料的可复用性；采取环保措施，降低对环境的污染；充分利用新的科技手段，增强观众观展体验，让科技展览在知识传播方面得到最大化利用，有效提升科技展览在公众中的影响力。

英国绿色建筑委员会一直在积极推行可持续性设计的理念，鼓励参展商提出绿色办展的口号。他们采取了一些措施，来解决材料使用的问题，同时减少浪费和碳减排，并对所有供应商设立一个可持续的采购流程。该委员会表示正在寻找如何将可持续性纳入展览的途径，包括材料、施工、设计、采购等，杜绝浪费，减少材料和能源的使用，考虑材料的再利用和回收。通过采用 ISO 20121 Event Sustainability Management System，Ecobuild 标准最大限度地降低其活动对环境的影响。该委员会还积极举办可持续发展相关的展会，如《生态建筑展》，同时，将一种可持续采购流程提供给所有主要供应商以提升对环保问题的关注度。展会颁布的可持续展位奖的参考标准包括[1]：

（1）减少能源使用和回收；

（2）减少碳足迹；

（3）负责任的采购；

（4）健康和安全的材料；

（5）可持续事件管理。

目前，国内还缺少对可持续性展览设计方面的成熟应用，英国的做法值得我们借鉴。实现展览设计的可持续发展，需要面对的挑战很多。要在科技的应用和人文艺术的创造之间建立平衡，让所有参与展览设计和施工的人员在认知上达成共识，在策划和管理上应当进行统筹规划和安排，展览设计的相关研究者可通过对每次展览（尤其是临时展览）过程中能源消耗、材料损耗等数据的分析，研究改善减少环境影响的方法和途径，这种举措将具有深远的现实意义。

随着科学技术的发展，科技展馆中的科技展览将可能用到更多更新的交互手段，科学技术也将会发挥更大的作用。大家熟知的摩尔定律，它由英特尔创

---

[1] 建材网. 2014 英国 GBC 可持续展位奖的参考标准［EB/OL］.（2014-02-25）［2019-05-20］. http://www.jiancai.com/info/detail/43-406587.html.

始人之一戈登·摩尔提出，其内容为：当价格不变时，集成电路上可容纳的元器件的数目，约每隔18～24个月便会增加一倍，性能也将提升一倍。换言之，每一美元所能买到的电脑性能，将每隔18～24个月翻一倍以上。这一定律揭示了信息技术进步的速度。如今摩尔定律已诞生100多年，科技发展的历程正在不断印证着这一假说。

二、数字科技的运用

从计算机诞生到现在的100多年，数字化改变了人类社会的方方面面，并且仍在快速发展。可以预见到的是，未来数字化在科技展览以及博物馆中的应用中，将无所不在。科技展览的智能化是大势所趋，智慧博物馆是未来博物馆发展的大方向。在此方向下，科技展览的发展表现为以下几个趋势。

（一）社会化和数字化

借助新兴的网络多媒体和计算机技术，知识传播的传统方式被打破，即传播不再是单向的，而是双向的，知识传播成为一种社会交流活动，借助特定环境和媒介，传播者和受众的界限已经模糊，每个人可能同时成为知识传播者和接受者，知识在这种新的传播模式下，被不断发现和更新。

在现代社会，知识传播事业已成为一项独立并具有广阔发展前景的社会链条，但有效的知识传播仍然是亟待解决的问题，数字化在社会性传播方面具有先天的优势。数字化是一种集合了多种媒体形式的综合载体，它所具有的互动性和沉浸感使学习成为一种过程性的体验，而体验正是人们获取知识的最有效和最自然的途径。目前，运用于艺术创作的计算机，在本质上是一种把影像及声音数值化成为编码，再利用微处理器的强大运算功能，执行自动处理、智能判断与协同创作的机器。它具有跨媒体整合和数字化特征，无论现实还是想象，都可以在数字化平台上表现出来；所有可以看到的对象，都可以进行智能化处理。这在创作上赋予了艺术家无边的自由。

科技展览的数字化趋势包括展品数字化、内容数字化和体验虚拟化这几个方面，其传播途径包括个人电脑、公共计算机可视化终端和移动设备等。移动设备是一个非常便利的传播工具，它可随身携带，能够随时随地地从周边环境

第一章　概　述

中获得信息。例如，在参观实体的科技展览过程中，观众可以通过移动设备记录展品信息，和展品进行互动；同时展览方可以通过移动设备记录用户偏好，将用户数据发送给展览策划管理后台，以便了解参展者行为，提供个性化服务，并为今后展览的改进提供参考。

社交化也是移动设备的特点之一，参展者可通过社交软件获取展览信息、对观展内容进行分享，形成口碑传播效应，有助于科技展览活动的快速低成本推广。

（二）观览和服务的个性化

模块化是互动艺术的一个特征。信息集合的模块化，是非线性叙事的有效方法。每一组信息模块与其他模块之间可以随意打散和重组，为观众提供独特的观览路径，营造个性化的观览体验。参与者可完全依照自己的兴趣来选取不同的浏览路径，这可以赋予参与者极大的自由度和多样化体验。

应用人工智能的设备将适合承担更多传播知识的职能，是提供体验式学习的良好工具和平台。在程序语言和人工智能技术支持下，展示内容可以遵照预设的逻辑自动呈现，通过人的触摸、动作、声音或光线的输入等，引发视听环境和屏幕内容的变化，或让虚拟物品或角色在与人交流时具有某种智能。这使得人机界面更加生动和富有魅力。科技展览的智能化还表现在可以记录个人的偏好，为个人量身定制个性化的观览路径和内容；为观览者提供如交通、餐饮等方面的贴心服务，扮演智能助理的角色。

某博物馆开发的移动导览系统（图1-15）运用GPS及室内定位技术，该导览软件可以为观众提供基于AI智能的实时

图1-15　某博物馆移动导览系统界面　　　关　琰

27

定位导览服务，成为观览活动的贴心助手，同时，还为青少年开发了具有娱乐属性的观览小程序，给他们布置观览任务，完成任务还有奖励，以此激发他们的观览兴趣。

迪士尼的导览服务也十分贴心。例如，进入园区迪士尼会发放一种专用手环和数字门禁，它可以记录人流数据，识别游客的 VIP 身份，与 APP 结合，帮助游客安排快速通行卡的使用时间，减少排队和等待。迪士尼园区内还设有免费 Wi-Fi，可提供导航，安排快速通过卡，与门禁数据实时通信，提示每个景点的拥挤程度，计算排队等待的时间等。类似这样的技术在科技展览中如能得到应用，将会大大提高观览用户的体验。

（三）在线展览

互联网开辟了一个知识建构与学习的新天地，在线展览可以使学习资源获得有效利用，跨越时空障碍。数字技术为在线展览及知识传播提供了更好的支持，网络课堂、智能教室以及移动学习等方面的探索都显示出该领域的发展潜力。但目前，人们还没有完全充分地利用好这一媒介，这需要设计师和教育家一起去开拓更具有体验性的学习方式，提高学习效率，创造良好的全民学习氛围。博物馆不再用传统的静止版面，而是将知识通过娱乐等方式让人们参与并进行体验。通过这样的体验，知识将不再是枯燥的，而是鲜活的，只有通过体验，知识才会被人们吸收和消化，成为帮助人们决策和行动的智慧。

（四）基于庞大的数字化资源数据库和集成管理应用

借助计算机和网络，可为展品信息建立起庞大的数据资料库。数据库是利用计算机进行编码、存储、管理和再编译的数字化资源，数据库存储的是元数据。所谓元数据，是描述事物的原始信息。例如，一个立方体的元数据是它的长、宽、高、材质和所代表的信息等特征，这些数据可以被重新分类、组织、更新、修改和检索，观众可以通过界面，按照自己的兴趣爱好，选择和访问特定的多媒体内容，从某种意义上扩展了物理的展示空间。

在网络和数据库支持下，可实现数字化资源的集成管理。①使信息和知识可以低成本高质量地存储、复制和传送；②可以为不同目的，面向不同应用场景提取所需信息集合、进行重组，产生新的传播形式；③集成管理可大大提高知识传播的效率，并可服务于新的应用。

（五）无处不在的连接

连接推动了前所未有的大规模社会协作，并带来社会政治、经济和文化的全面升级。互联网带来的广泛连接正在重构一切，带来中国互联网经济的爆发式增长，互联网消解了物理空间的距离，加速了知识的更新。

例如，能将物与物、物与人连接起来的物联网，让城市变得更智慧，车联网就是物联网中的一个分支，它使车和车、车和人、车和周围环境相互感知和通讯。车联网、云计算和人工智能让自动驾驶进入人们的生活，自动驾驶将会是更加安全便捷的出行方式，它将使汽车成为一个新的移动终端。未来，自动驾驶的普及，将更新人们对出行和对空间的认知，自由移动的汽车可以随时获取周围环境的信息，环境空间将可成为知识和信息传播的新媒介。这些发达的网络和计算系统未来可以让计算无所不在，使人们能够随时随地在现实和虚拟的世界中自由穿行。未来的展览也不再拘泥于一个固定的空间，虚拟和现实更加深度地融合在一起，成为你中有我，我中有你的亲密伙伴，到那时，展览也可以随时随地、无处不在。

（六）基于 AR、MR 与 VR 的情境互动与沉浸式体验

3D 仿真与运算以及智能计算等能力，给设计师提供了无限的想象空间。这些技术一方面可以创造以假乱真的虚拟世界，另一方面，可以自动感知观众所处的情境和动作来引发特定的内容。例如 VR、AR 和 MR 技术，可以让观众沉浸其中。VR 设备可感知观众在空间中的位移以及眼部、手臂等的运动，让场景随之变化，使人有置身其中的错觉；AR 和 MR 则是将虚拟对象叠加在真实环境中，并通过位置感应和图像识别等技术，对人们所处情境进行感知，使虚拟对象和真实情境无缝化衔接，同时也可以识别人的行为和动作，使虚拟对象按照人们的预期发生相应变化，创造沉浸式体验。

当前，国家正在采取措施，加快全民科学素质提升行动的脚步。国家正在

各个城市有计划地建设科技展馆和举办科技展览，传播科学思想。举办展览的目的是使公民都能够在观展中受到启迪，接受科学教育。这是弘扬科学精神，传播科学思想，普及科学知识，提升公民素质的一个有效措施。

思考题

1. 科技展览与培养全民科学素质的关系？
2. 可持续发展观念将如何影响科技展览的策划与设计？

第二章
内容策划篇

第一节 科技展览策划

一、科技展览内容策划

科技展览的内容策划并不仅仅是单纯的展览设计"创意",它是建立在对科技内容研究的基础之上的,需要科技类专家、科普工作者和科技展览策划人共同合作完成。科学家把握科技的核心内容,科普工作者在此基础上进行普及化、知识化、趣味化的技术处理,而展览策划人则根据这些"资料",结合自己对展览空间、受众群体的分析做整合,撰写出一个层次清晰、线索明确的文本。在撰写时,还需要对文本在预设展示环境下的适合度做出预判。这三者之间的关系就像投入石子的水塘,石子是科技精神与科普内容为主体的核心部分,波纹则是向外传播最终抵达受众的介质,整体上像是社会学家费孝通所说的"差序格局"。所以,内容策划在专业知识之外,需要的是合作精神和较强的综合知识储备,以及对科技与周边知识的关系在展示上的认知和协调能力。

科技进步日新月异,可能昨天还是科学的创新知识到今天就可能是老生常谈。而科技展览的大部分受众都不是专业人士,故此要特别注重"深入浅出",要将枯燥、晦涩的科技内容为普通人所乐于接受。那么,在进行内容策划的时候,要考虑如下几个因素。

(1)哪些科技知识是可以与当前社会关心的热点问题联系在一起的?

(2)要展出的科技知识的受众群体是否有清晰的分化?

(3)技术手段和展览成本上是否能够支撑这样的项目?

(4)展示的内容是科学观念还是技术成果?

(5)所有这些科技知识能不能找到一个具体、准确的落脚点?

(6)展示的目的是什么?

(7)可选择技术手段和设备情况。

弄明白了以上这些问题，对于要展示的内容心中基本上有了大概的取舍，展览内容策划的方向、展览的面貌也就清楚了，对即将要策划的内容心中有了大概的安排。

二、科学与历史

虽然展览是科技类的，有着科学技术的属性，在做展览内容策划时一定不能把科学从历史发展的长河中孤立出来，否则也就无法真正认识科学的价值所在。作为对世界、对自然、对人类自身等各个方面的认识，科学是有自身发展的逻辑或递进关系的。很难想象没有计算机的发明，如何有深度学习，怎么能做到人手一部智能终端（智能手机、电脑、iPad等）。科学精神是人类自身知识的历史反映。

在科技展览具体内容的策划上，首先，要确认所展示的内容是属于过去科学技术历史已经被经典化的科学知识还是最新的科学技术成果或预示未来的发展方向。对于前者，要从科学对人类历史的推动历程中着眼，一方面将它放置在科学史自身发展的线索上，另一方面还要尽量将它与人所熟知的历史上的重大事件、身边习以为常的事物结合起来，使这方面的内容有纵横两个方面的知识，以达到有效传播科学思想的效果。以人类对核科技的认识为例，既可以和第二次世界大战时期同盟国和轴心国在科技战场上对抗的历史结合起来，又可以与核武器对结束太平洋战区战事的重要意义联系起来，还可以从核能的和平利用（如发电）这一方面来阐述它的多样性，最终还能将这一主题引入科学伦理的讨论中。比如在一个核科普展览中，设计师设计了一个简单易懂的科普知识展项（图2-1），青海原子城核知识科普展区设计，以尽量简洁又生动的造型，表现原子核、核电站、核动力、核爆炸、核防护以及核的和平利用科普知识，在展项中间以互动演示装置表现核武器的巨大威力，又反映了广岛长崎的核悲剧。

对于面向未来的科技展览，要以体现科学的创造性精神为核心，基于相关的知识基础，展望未来相关科技可能产生的诸多因素来影响科技展览的规划与设计。在技术使用上，更要借助高科技手段来达到科技展览布展陈列的立体分享。归结到一点，科学不是无缘无故地到来的，它既有背后的一条来时路（自己的历史），又要有向未知前进的勇气（创造新的历史）。

图2-1　青海原子城核科普展区　　　　　　　　　　　　　　　　　　　　　　　　　设计：姜昊生

三、科学与文化

什么是文化？恐怕没有人能给出一个准确且无异议的答案。英国文化学家雷蒙·威廉斯在《关键词：文化与社会的词汇》中对它做了一个简单的历史考察，其中，值得注意的有：① 19世纪以来我们对"文化"的选择趋向于"'真实的''合适的'或是'科学的'意涵，而排斥其他不严谨或是令人困惑的遗憾"。也就是说，至少是今天人们对文化的一般性理解是与科学精神是一致的。②文化还是"普遍的人类发展与特殊的生活方式，两者间的关系。"[1] 不妨这样理解，文化在一定程度上担当着科学与生活转换器的角色，二者是相互渗透难以截然分开的。

在科学观念建立的过程中，它已经形成了一套自己的方法，日常，人们用它来指导生活，日用而不自知的使用着。比如说"你这说法不科学"，意思就是"不正确""不对"，"科学"已经进入现代文明的血脉里，人们也经常用科学的规律、观念来指导、矫正人们的生活。所以，"常识"是科学最基础的

---

[1] 雷蒙·威廉斯. 关键词：文化与社会的词汇［M］. 刘建基，译. 北京：生活·读书·新知三联书店，2016：153.

文化体现，是一种文明的现代人所必备的基本素质，它与迷信相对立，是祛除迷信的最好的武器。"科学素质除科学知识外，还包括科学方法及科学与社会的关系，只有对这三者都了解的公民才能说具有科学素质。无论从科普的内涵还是科普的内容来说，科普不仅仅是知识性的，它还饱含着丰富的文化精神。"①

科普文化精神或文化特征一方面来自于具体的、狭义的科学研究，另一方面则是由它衍生出来的对世界的整体认识，这是从方法论推导出的世界观。

"多元、平等、开放、互动等诸多文化新内涵被赋予在新时代的科普中。"而且，科普不仅仅是停留在对科学的探索上，它在影响普通人的生活的时候，有很多不同的方法，越来越受到关注的是科学普及对创意文化产业的贡献。"科普产业在表现出文化产业特征的同时，明显体现出创新性特征，这种创新性不仅表现在运用现代科技手段将科技与文化的结合方面，还充分体现在科学精神弘扬和科学文化再生方面。"②也就是说，科普的文化精神或科普与文化的关系有诸多不同的分层，它们也是科学对世界产生多维度影响的表现。在科技展览内容的处理上，也要考虑科学普及针对人群的文化背景，有的放矢，而在科学展览的内容与文化禁忌发生冲突时，需要更高超的灵活处理技巧来处理科学与文化之间的关系。

四、科学与艺术

科学和艺术是两种认识世界的方式，一种是求得认识上的真，一种是求得思维的解放和视觉上的丰富表达。这两者对全面人格的塑造，都是不可或缺的。

二十世纪最伟大的哲学家同时也是数学家的阿尔弗雷德·诺斯·怀特海在研究艺术的科学意识培养的重要性时说："一个静止的价值不论是怎样重要，由于它的持续态过于单调，就变成不可忍耐的了。"③"伟大的艺术就是处理环境，

---

① 任福君，任伟宏，张义忠. 科普产业的界定及统计分类 [J]. 科技导报，2013；31（3）：25.
② 董全超，许佳军. 发达国家科普发展趋势及其对我国科普工作的几点启示 [J]. 科普研究，2011（12）：41-43.
③ A.N.怀特海. 科学与近代世界 [M]. 何钦，译. 北京：商务印书馆，2012：222.

使它为灵魂创造生动的但转瞬即逝的价值。"[①]"我们所要训练的是理解这样一个（社会）机体的全面情况的习惯"。[①]

科技展览目的虽然是以严密的逻辑展示对世界的某种认识和创造成果，但为达成这一效果，则不能不借助艺术的手段。这是因为展览内容的有效传达除了文字以外，主要是依托视觉语言来实现的。东京 TeamLab 多媒体艺术团队创作的未来游乐园展览（图 2-2），以多媒体技术融合影像艺术创作的未来游乐园空间，获得了理想的视觉、听觉的效果，而且是适时见效。追求视觉艺术传达的有效性，就要求展览策划者既要在艺术和科学之间寻找一种手段上的平衡，还要能够掌握它们各自在信息传递上的优势，能够使科学的内容可以通过艺术的手段很好地转化到展览现场。但是，需要特别提示的是，在科技展览中，重点不是展现艺术，所以，在展览形式上就要把握好艺术表现的度。最常见的表现手法是为科学的内容赋予一个合适的艺术外壳，就像产品制造中的造

图 2-2　TeamLab 创作的未来游乐园　　　　　　　　　　　　　　　摄影：姜昊生

[①] A.N. 怀特海. 科学与近代世界 [M]. 何钦，译. 北京：商务印书馆，2012：222.

型设计一样。而在科学类展览中，则可以以动画、多媒体、电影、实物复原等多种方式让抽象的科学内容生动化和可视化。展览艺术的手段不仅在展出现场，还可以延伸到展览的周边活动中，同样可以起到良好的效果。

以艺术的方式对科学内容进行剖析，也会反馈到对科学的认识中去。很多科学家本身也是艺术爱好者，艺术的奇思妙想往往会给科学的奇思妙想打开一扇窗户。而且，目前学科之间的人为界限越来越模糊，很多发明创造很难以传统的方式界定究竟是艺术还是科学。

五、普遍性的科学原理

关于普遍性的问题，我们可以借用唯物辩证法来说明。无论是归纳还是演绎，无论是调研还是实验，真正科学的结果都是具有普遍性的。但是，这种普遍性并不意味着同一性，它不仅在不同环境下会有不同的变体，而且未知的部分还可能会补充、调整甚至颠覆它——科学也就是这么进步的。又因为科普的对象并不是专业人士或科学家，他们对相关问题的判断大多数情况下并不是基于严谨的科学理由，因此就需要将问题纳入内容策划的环节中，以说明产生某种结果（所要展出的内容）的方法是什么，解释其现象、总结其原理（原因）及规律。

没有一项科普活动可以包罗万象，每一项科普活动的内容，都是有一定的界限的。有的是特定的专业内容，有的则是综合现象，有的则是某一内容的历史化解析，甚至是对某一特定人群的知识推广。这就要求展览策划者首先在内容上设置一个限定，不然就很容易漫无边际。但是，即使如此，有一个问题是要始终放在心头的，那就是贯穿在个项研究、个体展览中的普遍性的科学原理，这种原理可能是一种已存在的科学共识。那么，在策划之初，就要考虑如何把握和生活常识之间的关系。

就具体的展览方法上，更要注意在设计呈现与观众观看等环节中的科学因素，比如人机工学中人和观看对象的尺度、不同展出环境中展品和环境的关系等。科普展不是艺术展，它所有的创意都是以"科学精神"为核心的，对普遍性的关注应该贯穿在整个项目策划的始终。

六、地域性的科学特色

科学的普遍性体现在它对事物规律的认识，但它与具体的对象结合的时候，就要因地制宜地在形式和手法上做出一些改变或调整，其中一个关键词就是"地域性"。对于那些非普遍性的规律，不同地方在具体问题上往往表现出各自不同的科学特色，而且科技展览所面对的问题一定是要放在包括地域因素、不同地区的知识接受程度在内的诸多具体环境条件下考察的。尤其是对中国这样东西南北跨度相当大的国家来说，在做科普展示的内容策划时，就要持积极开放的态度来从下往上看问题，既要从科学本身出发，又要能将展示问题的针对性实实在在地落地。

地域性既有地理上的因素——文化地理学对此有比较全面的解释，同时也是生于斯、长于斯的人在某地长期生活后形成的对世界的理解。它在一定程度上补充、丰富了一般性科学，同时使这种地域性的科学特色在具体问题的解决上更具有针对性。而且，从气象学的角度看，我们生活的星球的每一处微小的变动，都会对其他地方产生影响，这也就是所谓的"蝴蝶效应"。每个地域的科学特色，有来自于自然环境的作用，比如说中国的西南西北对砖茶的消费，就是与砖茶储存、运输以及地方饮食习惯有关；而在南方，则以绿茶、乌龙茶为多。以生活在这一方土地上的具体的人为尺度，是科学产生作用的条件。著名美国设计理论家维克多·帕帕奈克曾举雪地机动车的例子说设计产品在不同地域环境中产生的完全不同的作用，"开到没有路的地方常常毁坏耕地，而且扰乱居住环境"。[1] 但"对生活在加拿大和阿拉斯加的因纽特人来说，（却）是很重要的交通工具。"[1] 地域性是以普遍性为前提的，没有普遍性也就无所谓地域性，而普遍性是建立在不同地域性研究的综合之上。科学的发生都是有具体条件的，在科普展示中，一定要说明所谈问题发生的条件，否则就会方凿圆枘，难以合辙。

地域性是与其具体的成长背景有关的。对工业精神的再扬弃，成为地域性

---

[1] 帕帕奈克. 绿色律令——设计与建筑中的生态学和伦理学[M]. 周博，赵炎，译. 北京：中信出版社，2013：20.

科学展览展示凝聚地方力量、展现地方精神的一个重要方式。比如"伴随着去工业化，能与场所相连的特殊生产系统和特殊产品——例如谢菲尔德钢铁、斯塔福德陶瓷、西米兰照明工程——的图像逐渐在记忆和博物馆中消退。依靠工业博物馆或体验中心，这种遗产可能作为旅游景观保留，凭借自身成为一种主要产业。"[1] 通过设计进行城市区域的地点塑造，可以看做是地域性与科学结合进行的一种时间性建构。

七、主题与专题

无论是什么类型的展览，都要表意清晰、明确。这要求展览策划者对展览内容要有明确的规划，不能一笔糊涂账。面对诸多的材料，在做科技展览内容策划时，要对展示的性质做基本的区分，是偏向专题展还是主题展。专题展，是就某一项具体的科学内容、科研成果、科学知识的展示，在内容上需要触及到该专题较为深入的内容，表达更为集中。而主题展则是对某一科研主题，通过不同领域中的实践、不同方式的试验等，通过广泛性来说明主题的科学特征。

相应地，两者在内容策划上就有各自不同的特点，主题展以问题鲜明、材料丰富为特征；而专题展则以问题具体、材料逻辑性强为特征，要求知识链条关联性上比较紧密。假如，要设计一个关于饮食卫生的科普展览，如果目的是为了介绍饮食卫生的科学知识，那就属于主题展的性质，可能会涉及餐饮物流、存储、烹饪、保存、餐饮习惯、医学、健康及公共餐饮等不同方面与饮食卫生相关的内容。但如果是针对小朋友的专题展，就要在内容设计上从小朋友的视角入手，尽量构建一个具体的生活化的场景。在这样的背景中去理解科学饮食的知识，对于小朋友们来说会更加容易，而且知识的科学性相比是隐藏的、软化的，更利于接受和践行的。

不过，有时候主题和专题之间的界限并没有理论上所说的那么明显，一个主题展也可能是多个不同的专题组成的，专题之间彼此并没有必然的联系，但分担着同一主题的不同的区域功能。不同展出机构、场地和设计师都要从双方

---

[1] 朱利耶. 设计的文化［M］. 钱凤根, 译. 南京：译林出版社, 2015：131.

的专业角度对这两类展览在规划上有意识地区别，对科技馆等有着固定展出场地和专业取向的展出方来说，就可以将相对稳定的、综合性的主题展以常设展览的形式作为馆方的一个长期工作，同时针对不同的热点题目、趣味内容穿插专题性展览。主题展（常设展）使馆方工作有条不紊、形象易于传播，专题展则可以有效地调节、弥补前者的"沉闷"、严肃，并有利于常年吸引不同的观众群体，强化科技展的粉丝效应。而对非固定展出场馆的展览来说，则应该将精力集中在后者，即使专题展也要以聚集力量突出主要内容和关键节点，在条件受限（时间短、场地不理想）的情况下，将临时的展览效果最大化。因为两者的物理条件不同，临时展览就要更多地考虑材料的可持续性，降低环境成本。像科技大篷车等流动科技展览，要将设计材料的可拆卸、便携带与信息容量的有机结合放在展览策划的首位。

第二节　展览大纲写作

一、弘扬科学精神，传播科学思想，普及科学知识，表现科学成就

不同类型的展览有不同的目的，展览大纲的写作首要的就是要明确科普展览有什么学科特殊性，这是所有科普展大纲写作的指导原则。简单来说，科普展览的目的是要"弘扬科学精神，传播科学思想，普及科学知识，表现科学成就"。明确了这个前提，在科技展览内容大纲的结构关系上就要向这个方向努力。

展览内容大纲本身并不存在写作上的类型之分，其区别在于展览目的。细分起来，科学思想和科学成就是两种不同的东西，思想是一种智识，无论是文字、图标的形式可以说都是"非具象"；成就则是具体的结果，相对来说更具体，更"可见"。目的的不同关系着大纲对材料的取舍、安排和对未来呈现的预设，大纲的写作也左右着后期展示设计师的设计方向。在这样的前提下，大纲余下的工作针对不同目的在知识性上的具体化。

不同的写作目的，反过来也会影响对写作材料的选用。写作大纲的人，可能是科学家，可能是具有科学学习背景的科普作家，也可能是具有艺术学习背景的科技展览策划人，但理想的方式是科学和艺术两者相结合、具有科学背景和艺术背景的作者合作完成展览内容大纲。科学家对内容的把握更准确，但是纯科学化的语言对于普通观众可能会比较陌生，特别是在表现抽象科学思想的时候，需要展览策划人将抽象、专业、晦涩的科学语言转化成可以在展览中使用的、大众展览参与者都能明白的日常语言。相对应地，科技展览策划人也许对科普内容中核心的科学观点、科学价值有时并不能准确把握，不能完全代替相关领域科学家的作用，但是科技展览策划人以形象的描述语言和思维方式能够让大多数人理解科技展览的内容。科技展览虽然是面对普通人进行科学知识普及的工作，但手段、受众的大众性并不意味着内容的简单化，为迎合大众的口味而做出牺牲甚至让人产生伪科学的感觉，而是要严把科学关，补充科技展览受众的知识不足。

科技展览内容的写作是一种多层次"翻译"的过程，把专业知识（科学）以普通人都能理解的语言"翻译"出来，大纲的写作就担当了转换器的作用，而且由于它还涉及展览（无论是线上的线下的、实体的还是虚拟的）的语言转化，所以就还需要展览设计师甚至工程师的介入（线上展览的就是IT工程师等），所以它需要综合各个专业人士参与，使所涉及的专业负责人分别从展览各个环节介入到大纲写作的初始阶段，使最终的文本既能准确表达科学思想或成就，又能在展览实践中使科学思想得到顺利的转换和呈现。

二、科普信息交流与科学传播方式

在科技展览大纲的写作中要注意把握写作方式与传播有效性之间的关系，既要基于展览类型的要求也要考虑到展览受众的生活、知识背景推测其接受度，有条件的科技展览若能在展览大纲写作之前就做目标市场的调查分析当然是最好的，但大部分在时间和经费上不允许做专项调查的展览则需要根据预设的目标人群——如果是固定、专业展馆的展出，则可以参考本馆日常工作中所收集的类似档案做可能性分析。

科技展览的科普性展示不是单向教育，而是一种双向交流，是以交互性展览的方式在观众和科学信息之间搭建一个平台。在理解展览科学性、观众群体心理的基础上，要基于场馆状况引入经济有效的媒介传播方式。这种媒介又可粗略地分为内部媒介和外部媒介两类。

内部媒介是指展览本身可能采取的手段，比如说航空航天科技展中，很难将大型的航天器搬进展场，以往的方式是按比例复制一个展出模型、与绘制的全景画（半景画）结合起来。但是即使这种看起来有些增强现实的意味的展出方式，不仅概念上有些粗糙，而且观众还是能很明显地看出、感知到被制造出来的景观的非真实性，而今天的多媒体技术则弥补这一缺陷。从技术上看，传统的场景营造、图标、文字、动画等方式，更多的是单向信息传递，而在计算机技术支持下的虚拟现实、增强现实、混合现实等，通过全方位虚拟空间打造出一个沉浸式展示空间，观众不仅是信息的接受者，还可以通过各种操作指示或自己的直觉反应获得后台的数据库的"回应"，来得到所需的科学知识。而且，由于新技术所建构的虚拟时空，能够在体验上超越展览时空的物理界限，使科普知识所要表达的真实性更为直观。比如在关于宇宙起源科普展中，就能让光年、黑子爆炸、星球生命的演变等本来只能以数字来界定的单位、以文字来描述的现象真正具体化和尺度化，让人在有限的时间内可以像乘坐一台时光穿梭机一样"浏览""见证"这种历史时空的转变，以及它在地球、在我们日常生活中留下的"痕迹"。

外部媒介则是在展馆之外的信息传播。现在是一个多元媒体时代，科普展示也一定不能置外部传播于不顾，要通过多种形式搭建科技展馆、展览与潜在观众之间的桥梁。科技展馆自有平台针对的多是展馆自身的会员（粉丝）、专业爱好者或其他对本馆长期关注的人群，而对于其他"无关"人群则需要花费更多的力量，除了在专业、大众媒体上投放广告之外，还需要利用自媒体，设置能够引起关注的话题来导入展览信息，使公众对展览主题产生兴趣。而且，外部媒介的利用也不能仅仅是信息的介绍，还应该是某种形式的内容推广，使那些未能来到展览现场的人也能获得相关科学知识。除此之外，还可以引入虚拟展厅等线上形式，或利用自媒体针对碎片化阅读习惯结合相应的科普展题设置专项的媒体推送，这样的方式不仅是科普知识传播的新途径，而且会让现场科普展在未曾谋面的普通人中产生黏性，一步步吸引他们到展场中去，参与到更多的科普展览中去。对新媒体的利用，在 2016 年国务院办公厅发布的《全民科学素质行动计划纲要实施方案（2016—2020 年）》中就有明确的表述："提升科技传播能力，推动传统媒体与新兴媒体深度融合，实现多渠道全媒体传播，大幅提升大众传媒的科技传播水平。"① 新的媒体传播途径并不仅仅是媒体技术本身的变革，而是信息有效性和人群针对性的直接反应。2000 年之后进入中国的博客，还有网络日记、部落格等不同的名字，它绕开了传统媒体的中间介质，而通过网络直接与读者见面。但是，博客写作者个人和写作内容的黏性显然更强，方式上与传统杂志的专栏写作更相似一些。再后来 140 字的微博、即时沟通的微信、Facebook 以及图片媒介 Instagram 的出现，要求信息传递则更加精炼。而且，网络时代的青年人的成长与这些新媒体的成长是相一致的，相互之间不存在天然障碍。包括科技展览在内的展览，一定要以积极开放的心态随时注意这种传播媒介的变化，并针对不同的观众群体、以基础科学知识为基本前提，进行科学传播手段的分类调整，稳定与扩大展览以及展馆的粉丝群。我们无法预测快手、抖音等媒介平台有多长的生命力，但是从现在的情况来看，它们目前正是"流量经济"中网红效应不可或缺的中介。科技展览大纲内容策划者需要与观众做换位思考，"观众不是单纯的观众，他们不再是被动的图像信息的接受者和旁观者，而是作为'图片编辑'的参与者和合作方——这种方式，在网络时代并不稀奇，跟帖、弹幕，都是具体的参与行为。"② 而采用什么样的展示手段，并不会改变所要传播的科技展览内容的性质，这就需要策划人、设计师与宣传推广的负责人合作在展览前期推敲、制订分阶段的框架性规划。

由以上的介绍可以看出，内部媒介和外部媒介只在传播手段上存在不同，在信息交流的知识传播这一目的上都是相似的，而且两者大多数情况下是相互交叉、优势互补的。

三、科技展名和标题

一般来说，一个展览的名称很重要，一个科技展览的名称就更重要了。它是对科技展览主题、科学内容的高度浓缩，是大众通过媒体所了解到的展览的

---

① 国务院办公厅. 全民科学素质行动计划纲要实施方案（2016—2020 年）[M]. 北京：科学普及出版社，2016：23.
② 王晓松. 图像、现场和超链接——当代艺术展览中的图片编辑 [J]. 中国摄影，2018（7）：29.

第一层信息。它在很大程度上影响了受众选择的行为动机，好的科技展览题目可以提升展览的衍生价值和社会影响力。

日本科学未来馆举办的一个"安"的临时展览（图2-3），展览名称的选择比较合乎展览主题，既能为专业人士认可，又能为大众所接受。展览是为大众的活动，科普更是专业知识的普及，展览名字在专业的准确之外还要简朴、直接而不能故弄玄虚。对于新的术语，要做好展览前中后期的解释，用平易的语言推广陌生的概念。一个时代有一个时代的词语，展览名称的选择也往往有时代的烙印，这也是科学不断发展的必然反应。科技展展览题目选择方式：①以某一术语、概念或现象等纯粹的专业语言；②以众所周知的表述（如在科技史、科技文化等科普展中，可以选用一些习见的成语），它们都有约定俗成的概念，一望便知；③对某些专题展，如具有地域色彩科普展，则可以选用俚语，可以产生特殊的感知效果。但是俚语有很强的使用语境，十里不同音，百里不同俗，即使同一个词东西南北的使用可能就完全不同。所以，展览内容策划时要考虑在方案和使用中就有义务将这些细节交代清楚。

图2-3　日本科学未来馆的一个科学设计展的展题　　　　　　　　　　摄影：吴诗中

展览题目的格式有两种：单一标题，如"海洋生物研究展"；或主副标题相结合。一个主标题提纲挈领点出展览的方向和性质，副标题可以是对主标题内容的解释，也可以是对展览基本情况的补充说明。如"跨时空旅行——飞行器的历史文献展"等。名字可能是策展人或展览的学术主持提议，但最后采用与否可能就要考虑各种主客观因素，比如馆方不同人的专业背景，决策者的主观意愿甚至社会特殊时段的禁忌等。威尔·贡培兹生动地描述了他在泰特美术馆担任媒体主官时，馆内就展览题目选择在公众立场与学者倾向之间展开的拉锯战，营销团队对市场效应的渴望与馆长、专家（故作）晦涩的冷漠之间的矛盾非常突出。

科技展览是由不同层次的科学内容组成的。首先是展览的单元分类，可以是时间的、地理的、类型的等不同主题归类方式。对应在大纲写作中就是依次组成的不同层级的标题，一级标题、二级标题、三级标题等，为了阅读和展示的方便，尽量不设超过三级以上的标题。一级标题就是展览单元题目，二级标题就是对单元中某一项内容的解释，再接下来可能就是对展品展项的解释。最后一部分主要是以展品标签为主，在需要的情况下进行标签内容的补充。比如，展出的是一块标签上有：化石名称、采集（出土）地、距今时间、尺寸，如果觉得这些部分不够清晰，还可以做进一步的内容详解。后面补充的部分，要在撰写大纲的时候做好基本的处理规划，现场信息需要尽可能简洁，便于观众在很短的时间领会主体信息。除此之外，还要考虑展厅空间是否足够呈现这些信息，是否需要以语音导览、手册导览的形式做替代等。如果没有这种分类意识，可能会使现场展出较为混乱，反而影响信息传递的效果。尤其针对科技展览，避免不了诸多专业词语的出现，需要进一步解释和说明，这部分工作是不能省略的。

有专家曾给出一个内容大纲编写建议："单元展板的文字不应超过200个字词，50个字词更佳。物品标签不应超过40个词。更多的信息可以放在导览手册或宣传单页中。这也是帮助某些观众获取更多信息的最佳解决方式。"[1] 当然，这个文字量是针对英文所设的。中文以及双语、多语环境下或针对不同年龄段的受众的科技展览大纲的编写还要做更具体的展览内容和形式的初步策划与设计。

---

[1] 阿姆布罗斯，佩恩. 博物馆基础 [M]. 郭卉，译. 南京：译林出版社，2016：147.

四、展览内容和正文写作

科技展览的性质决定了它有专业界限,有些与生活很近,有些却比较远,所以从科技展览大纲的文本写作开始就要从语言上对它进行调节与转换。展览语言首先是要以平实为主,但为了观众理解之便和叙述的生动,还需要借用文学写作的语言来渲染展览的气氛。

(一)比喻和象征

在介绍公众不熟悉的事物和冰冷的科学内容时,用比喻和象征的手法,一方面可以将这些事物感性的一面更好地渲染出来,而且可以因为借用的具体、日常的形象拉近所要表达的内容与观众之间的距离。特别是在介绍抽象的科学思想的时候,适当的文学处理,会进一步增强感染力,绕过复杂的逻辑推理为普通观众搭建一个抵达思想深处的绿色通道。

(二)夸张和对比

按常规来说,科学活动以严谨、缜密为特征,不能有丝毫夸张的成分。不过,科普展作为科学走近大众的平台,可以提倡在手法的使用上有一定程度的夸张。所谓夸张,不是不合情理、漫无边际的夸大。夸张是在一个合理范围内对作用尺度的性情描述。在科技展览大纲的写作中,夸张往往是和对比同时出现的,这样就使夸张不再是为夸张而夸张,而是有明确目的的以某客体为参照的叙述方式。例如,李白诗歌中所描绘的"飞流直下三千尺,疑是银河落九天",具体的长度和所能想象的最遥远的宇宙距离之间的长度的对比,来说明庐山飞瀑的落差之大,因为这种夸张尺度之大对比之鲜明,稍有常识的人也不会以此来度量瀑布的真正长度,对瀑布飞流的气势却有了更直观的了解。

(三)对偶和排比

科技展览的大纲不仅仅为展览提供文本参考,而且其主体部分是要能在展览现场使用的。在这部分文字中,不仅要求简洁,对同一内容的介绍中还可以进行适当的文采修饰。无论倾向于何种文体,但都不妨用些对偶句和排比句,除增强语言的感染力之外，还可使观众读起来朗朗上口，易读易记，最终易于展览内容的吸收。而语言本身的调节，也会使展览在展品展项之外的内容灵动起来，增强科学知识的弹性。

五、体现重点，渲染亮点，分清主次，有条不紊

即使科普展览是反映大多数人都知道的一般性科学常识的内容，这个科普展览的大纲写作也不能过于简单、平铺直叙，反映在展览现场则是布展设计上的流线规划要生动，参观节奏要丰富，道具、展项的设置要有创新等。

科技展览面对的内容可能是千头万绪的，有些是要抓住一条主线，纲举目张；有些则是需要首先将架构和格局划分清楚。由此来看，展览大纲的撰写者其实就是展览内容的设计师，大纲的写作过程也就是复杂的展览策划与设计管理的过程。诚如设计史学者杭间先生在对诺曼的《设计心理学2：如何管理复杂》中文版的推荐序中所谈："好的设计师必须学会复杂'管理'，管理本身就应成为当代设计的组成部分。同时，也提醒参观者和交互装置使用者，'复杂'的问题是一个辩证法，被动接受或盲目拒绝'复杂'，都不可取，你在选择复杂的时候同时也在使用中管理复杂、享受复杂，这时，物品在与人的互动关系中产生新的生命，因而一件好的设计会沉淀为生活的经典。"[1] 这样的忠告，同样可以置换到科普展的语境中作为大纲写作的前提。

然而，正因为有千头万绪，在理清思路的同时，需要进行取舍，取舍的结果就是要体现展览内容重点，围绕要表达的主干下足工夫，而枝叶则根据具体情况大胆裁剪，需要注意的是展览和科学知识传递的有效性。在重点内容之处，还要不惜笔墨营造亮点（创新的、能吸引人的或是有未来发展前景的）渲染重点。重点和亮点，不一定是对照一致的也可能是平行的没有交叉的，但其性质都是在整个写作的网络框架之上的。

这其实就涉及内容的主次问题。对主要内容的资料整理归纳要相对完整、丰富，而次要内容的功能是用来辅助说明主要内容的，后者的取舍要以前者的

---

[1] 杭间. 推荐序：复杂设计的含义[M]. 张磊，译. // 诺曼. 设计心理学2：如何管理复杂. 北京：中信出版社，2011.

需要而定。分清主次、突出重点、表现特点，不仅是包括展览大纲写作在内的主体性写作的基本要求，而且是针对科普展面对普通观众的定位而来的。要求每一个观众通过一个展览完全厘清之前自己可能一无所知的科学知识，或要求他们对展示的内容的每一点都熟记详识，显然是不现实的。有节奏的、有主次的展出，在最基础层次观众能在有限的时间内，迅速获取知识主干，哪怕是部分片段，也都是展览产生的具体作用。而对其中更深层次的细节内容，或可引导他们择时返回，或引导他们通过其他途径进行相关知识的再学习。因为时间关系匆忙之间的浏览，有某一项东西抓住了观众，会诱使他一次次返回展览现场，从观看到学习到研究，这样当然是展览最理想的状态了。

所有工作的目的是使展览本身要紧抓特点进行表现，这是使展览从众多的活动中脱颖而出的重要方式。有了这些研究、观察和写作方法的指导，展览的特征自然就很鲜明，面貌也就一目了然了。

第三节　科技展项与科学原理

在科技展馆里陈列科技展项的目的是要展示某种科学原理。青少年学生观众往往都对于科技展项有着更佳浓厚的兴趣。青少年学生在学校里的课堂上、课本中学习到的科学知识往往枯燥而单调，而在科技展馆里，通过与科技展项的互动，他们可以学习更为灵活多彩的科学知识，理解和体验科学原理。

一、展示基础科学的互动展项

基础科学展厅以"人类对自然界发展规律的探索"为展示脉络主线，通过对数学、物理、天文、地理、机械等自然科学基础学科的科学展示，阐释声、光、电、磁等自然现象和技术原理，再现了人类在探索自然过程中的重大科学发现。基础科学展示内容是每个科技馆的必备项目，这些必备项目的展示内容为观众营造从实践中探究科学的情境。

基础科学展厅应该采用经典展项和创新展项相结合的展示方式，以有趣且能充分展示科学原理的展项为载体,结合现代信息技术手段,向公众生动形象地展现基础科学中的一般规律和现象,以及它们在日常生活中的应用,展示基础科学的美妙和神奇,使观众在参观学习的同时,交互参与科学实验,在玩儿中学,学中玩儿。这既能激发参观者的科学思维和兴趣,促进参观者体验探索科学魅力,又能使他们更为深入地理解所学的知识,提高基础科学素养,感悟科学知识带来的乐趣,进而达到亲近科学,热爱科学的目的。

基础的自然科学原理的互动展项的设置,一般有数学、物理、天文、地理、生物几大类的内容,一般情况下,科学技术馆的基础科学展厅都会展出这几门学科的相关展项。

数学在人类探索真理追求自由的过程中,是最为基础而实用的学科。如果没有数学,科学就难以理解。

力学是一门有特点的基础学科,力学研究的内容涵盖运动和力、机械运动、物理、化学、生物运动的耦合现象、能量、物体之间力的平衡、变形和运动等。原中国科技馆的互动展项(图2-4),一个有一定重量的陀螺,根据牛

图2-4 陀螺上行互动展项　　　　　　　　　　　　　　　　摄影:吴 桐

顿的万有引力定律，陀螺应该停留在低处，可该展项中的陀螺总是待在高处，即使观众把陀螺拨到低处，一松手，它又爬升到高处的位置，令人不可思议，甚至会怀疑牛顿的科学定律出了问题。在好奇心的驱使下，经过多次反复，观众最后将会明白，这个现象实际上是几何形态上的错视误导，陀螺往高处爬时实际上是在往低处走。观众在这个力学相关展项的互动游戏中可以充分理解力学的原理，理解艾萨克·牛顿的万有引力定律。

　　声音和光都是最常见的自然现象，声和光也是人获得信息的重要条件。可以设置"声"和"光"互动展项来展示声和光的自然现象，表现声和光的基础原理和声光在日常生活中的应用，让观众体会到人类对声学和光学的研究成果。

　　自从发明电以后，电就与人们的生活息息相关。现代人类社会的文明，人类生产、生活所需的电气设备，都要以电为动力。但是，电和磁相伴，如果没有磁，也就没有电。电和磁不仅与人类的生活密切相关，对科学技术的发展和社会的进步也有着十分重要的意义。中国科技馆内陈列的交流互动展项（图2-5）是光、电转换的科学普及展项，以互动的形式表现从光能和热能到电能

图2-5　中国科技馆的太阳能发电互动展项　　　　　　　　　　　　　　摄影：吴诗中

的转换，将较为重要的光学、热学、电学的科学理论通过简单易懂的互动方式表现出来，让观众在展示装置上亲自动手的操作过程中，体验电学的科学原理，学习科学知识。这是一种最容易为观众接受、最容易理解、最典型和最有代表性的展示基础科学原理互动展项。

二、表现自然与环境科学的互动展项

地球是人类生存的唯一家园，人类生活在自然与环境构成的生态系统中。

地球上的自然环境与生态资源是人类赖以生存和发展所需的物质、能量条件的总和。自然环境，一般来说，是指未经过加工改造而天然存在的环境，自然环境是人类出现之前就存在的，是人类赖以生存的各种自然条件的综合体，是客观存在的各种自然因素的总和。

阳光、空气、水、土、动物、植物组合而成的生态系统不但为人类提供了生存的空间，提供了生命的支撑系统，还为人类提供了生存所需的食物和能源。人类的所有活动都在自然环境的范围里进行，都和地球的生物圈发生着紧密的联系。随着科学技术的不断发展，人类活动的范围越来越广，深至地球内部，远至外太空，都成为人类科学研究所探索的范围。

在科技展馆里可以设计自然与环境景观，展示地球上的自然风光辽阔壮美，自然环境舒适宜人，各种动物标本千姿百态，栩栩如生；人与环境、人与动物之间的关系描述生动，耐人寻味，人与动物和谐，人与环境和谐，人与自然和谐，大美无言。

自然环境互动展项还可以展示地球演化、环境变迁、沧海桑田，表现生命起源、人与环境、人与动物的主题，表现人类文明发展与生态环境之间的关系，强调地球的唯一性和不可复制性。

中国科技馆四楼展区陈列有海洋科学考察船（图2-6）。海洋科学考察船用于海洋科学调查，研究海洋气象、地质、水文、海洋生物，执行特殊的研究任务。目前，美国和英国的海洋科学考察船的建造是较为先进的。在图2-6中可以看到一群十几岁的中学生观众正在参与海洋科学考察船的互动演示项目。通过对海洋的探索，了解海洋世界。海底世界中丰富的资源与宝贵的海洋能源都是未来人类生存不可缺少的。所以，对海洋的探索有着不可估量的意义。

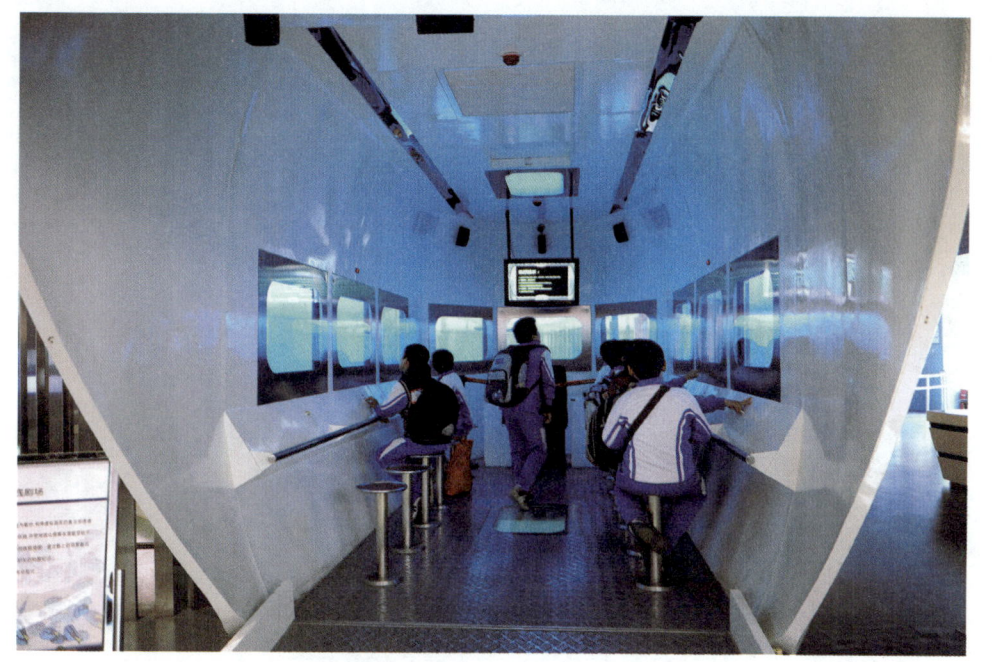

图 2-6　中国科技馆海洋科学考察船展示项目　　　　　　　　　　　　　　　摄影：石　峥

　　美国华盛顿自然博物馆非洲动物展区陈列展出的非洲狮（图 2-7），在一个高大的展厅里，一头非洲雄狮站在高高的展台上仰天吼叫，表现了动物之王傲视一切的王者风范。布展设计师在有限的条件下注重了雄狮标本和展示空间的协调关系，由于自然博物馆利用了欧洲古典建筑作为展馆，古典建筑元素和雄狮生活的原生环境并不协调，于是设计师将建筑空间的可见部分处理成冷灰色，衬托出非洲雄狮毛皮的黄色，使非洲狮在冷灰色彩中非常突出。

　　美国华盛顿自然博物馆数字影像厅里的猴子观看人类的起源（图 2-8）。雕塑家在此放置了一个猴子雕塑，这只"猴子"正在聚精会神地观看人类的起源，人是由猴子进化而来的，猴子是人类的祖先，当这只"猴子"看到人类的祖先出现在屏幕上时，对比自己的形象想必定会发出感慨。当观众在此与猴子一起观看人类的起源视频片时，也会引起他们的反思，猴子与人本来就是同源，人们应该善待猴子，善待动物。此时此刻，我们不得不为布展设计师这个巧妙的创意点赞。

53

图 2-7　美国华盛顿自然博物馆——非洲动物展区　　　　摄影：吴诗中

图 2-8　猴子看人类起源　　　　摄影：吴诗中

第二章 内容策划篇

美国华盛顿城市公园树林中在树干上自由自在玩耍的小松鼠（图 2-9、图 2-10），这片树林成为了松鼠们的乐园。它们对周围的游客毫无畏惧，展现出人与动物友好共生相处的一派和谐氛围。虽然松鼠是鲜活的动物，不是展品，但是华盛顿政府和华盛顿市民为松鼠创造了自由自在生活的美好环境，松鼠得

图 2-9　华盛顿城市公园树林中的松鼠（1）　　　　　　　　　　　　摄影：吴　桐

图 2-10　华盛顿城市公园树林中的松鼠（2）　　　　　　　　　　　摄影：吴　桐

55

以在树林中来往自如、无拘无束，在玩耍中与游客零距离互动，成为了最好的、最鲜活的"展品"。这片树林、树干与小松鼠组合而成为一个有机的互动"展项"，这个"展项"给华盛顿的市民和外来的游客带来了精神上的愉悦。这些林中的小松鼠具有最佳的观赏性，既"萌"又有趣。此刻，人、动物、环境之间的关系已经升华到至高的境界。

上海自然科学博物馆的蝴蝶展项（图2-11），在展示陈列中，蝴蝶标本陈列难度很大，布展设计师为众多的蝴蝶设计了一个壁橱，有了壁橱可以为恒温恒湿陈列要求提供条件。壁橱中有阵列展墙，将无数的蝴蝶按一定的排列规律陈列在壁橱中，形成视觉上的震撼效果。在表现动物科学原理的同时，也能让观众体会到人和动物的和谐相处以及动物在人类生活中的必要性。大自然因为有了这些动物才能生机勃勃，丰富多彩。

图2-11 上海自然科学博物馆陈列的蝴蝶展项　　　　　　　　　　　　摄影：吴诗中

三、航空航天科学原理互动展项

展示航空航天技术能够显示一个国家的科学实力、经济实力，同时也能表现出国家的军事实力。当今世界的大国强国，都有很好的科技展馆来展示航空航天的科学技术以显示他们的综合实力。2011 年之前，在航空航天领域，航天飞机是最吸引人的话题之一。航天飞机是往返于地球和太空的航天器，有宇航员驾驶，可以重复使用。最早研发出载人航天器的国家是美国，这种航天器升空后还可以返回来，回收后，经过维护还可以再次上天重复使用。美国第一架实用的航天器发射成功是 1981 年，而在 2011 年，美国所有的航天飞机退役。在这 30 年时间里，美国一共生产了 6 架航天飞机。第一架哥伦比亚号航天飞机 2003 年 2 月 1 日发射时，因发生爆炸，导致机上 7 名宇航员全部遇难。第二架挑战者号航天飞机 1986 年 1 月 28 日仅仅起飞 73 秒后就因不明原因凌空爆炸。美国的第四架亚特兰蒂斯号航天飞机比较幸运，一共往返地球和太空 17 次，是世界上飞行次数最多的航天飞机。

2011 年 7 月 21 日，亚特兰蒂斯号航天飞机结束其"谢幕之旅"，在佛罗里达州奥兰多肯尼迪宇航太空中心安全着陆，标志着美国航天飞机时代从此宣告结束。航天飞机是航天史上的一个重要里程碑，它为人类进出太空并能自由活动提供了很好的交通方式，美国的航天飞机退役以后，宇航局在奥兰多宇航中心设置展示中心，对外展示美国的航天飞机、航天科学技术、航空航天文化。美国奥兰多肯尼迪宇航太空中心的标志性形象——航天飞行器（图 2-12）（航天飞机的火箭推进器和外部燃料箱）。为了一睹航天飞机的真

图 2-12 美国奥兰多宇航中心的航天飞行器
摄影：吴 桐

容，每天都有不计其数的来自世界各地的游客到此参观。奥兰多宇航中心记载着令人惊叹的航天成就，同时也经历了若干次航天灾难。美国宇航局是目前世界上最权威的航空航天科研机构，与许多国际上的科研机构分享他们的研究数据。

奥兰多宇航中心展出的亚特兰蒂斯号航天飞机头部（图2-13），因为观众不能进入真正航天飞机的驾驶舱，所以，布展创意设计时设计的亚特兰蒂斯号航天飞机机头可以让观众自由地进到机头内参观，体验航天飞机机头的内部空间。美国航天局官员说，亚特兰蒂斯号自1985年首次升空以来飞行1.85亿公里以上，是美国执行航天飞行任务、执行国际合作任务最多的一架航天飞机。

图2-13 奥兰多宇航中心展出的航天飞机亚特兰蒂斯号的头部　　　　摄影：吴　桐

亚特兰蒂斯号航天飞机（图2-14）1985年发射，它是美国宇航局的第四架航天飞机。亚特兰蒂斯号航天飞机重77.7吨，在世界航天史上拥有极其重要的地位。它历经了17次的航天飞行，并安全返回地球，创造出惊人的奇迹。此刻，它静静地躺在这里，接受人们对它的瞻仰。1995年6月27日，一个具有

图 2-14　美国亚特兰蒂斯号航天飞机　　　　　　　　　　　　　　摄影：吴　桐

纪念意义的日子，太空中的亚特兰蒂斯号安全地实现了和俄罗斯的"和平号"轨道空间站的首次太空对接，俄罗斯宇航员和美国宇航员在外太空互相"串门"。有人说就在这一刻，冷战已经在地球外的太空结束。2012 年年底，安全退役的亚特兰蒂斯号航天飞机被运送到佛罗里达州的肯尼迪航天中心展出。

　　处于发射状态的航天飞机模型（图 2-15）虽然已经按比例缩小，但主要部件的组合结构都较为准确。两边白色的圆柱状管道是辅助火箭推进器，相当于火箭的一级二级推进器，当燃料用完后可以自动脱落。中间红色圆柱状部分是外部燃料箱，

图 2-15　发射状态的航天飞机模型　　摄影：吴　桐

59

外部燃料箱的作用是为航天飞机的 3 台主发动机提供燃料。外部燃料箱的燃料耗尽以后，外部燃料箱便会自动从航天飞机轨道器上脱落，然后坠入到大洋中。当观众见到这一组真实的航天飞机模型时，就会对航天飞机产生直观的认识。对少年观众来说，这是一次科学普及性的教育，对航空航天专业的研究人员来说，这是航天知识的初步认识；对美国民众来说，这也是一种爱国主义教育。

奥兰多肯尼迪宇航太空中心的视频演播厅（图 2-16），此刻，演播厅里正在播放航天飞机发射升空的视频。演播厅的空间设计非常简洁，基本上是几何形方块形状，不给观众造成多余的视觉耗费，一个直的条板下加上几根圆管为支撑就是观众座椅，简单不多余的空间造型形态和装饰效果让观众专心去看视频不用顾及其他。当然在演播厅播放的这个视频也是当时航天飞机发射时在现场拍摄的真实史料，既具有历史性和真实性，又具有专业性和科学性，真实记录的历史，科学探索的经历可以震撼观众的心灵。

图 2-16 肯尼迪宇航中心的视频演播厅　　　　　　　　　　　　摄影：吴　桐

奥兰多肯尼迪宇航太空中心的观众体验项目（图 2-17），一名少年女学生带着她的母亲在类似于机舱的管道里爬行，体验太空航天器狭小的管状空间。创意设计师设计玻璃的管道，管道外面的观众可以看到管道里正在爬行的母女俩，母女俩在狭小的空间内困难地爬行的各种姿态、各种窘态和各种表情都会在玻璃管道里显示出来，让管道外的观众们尽情观赏。

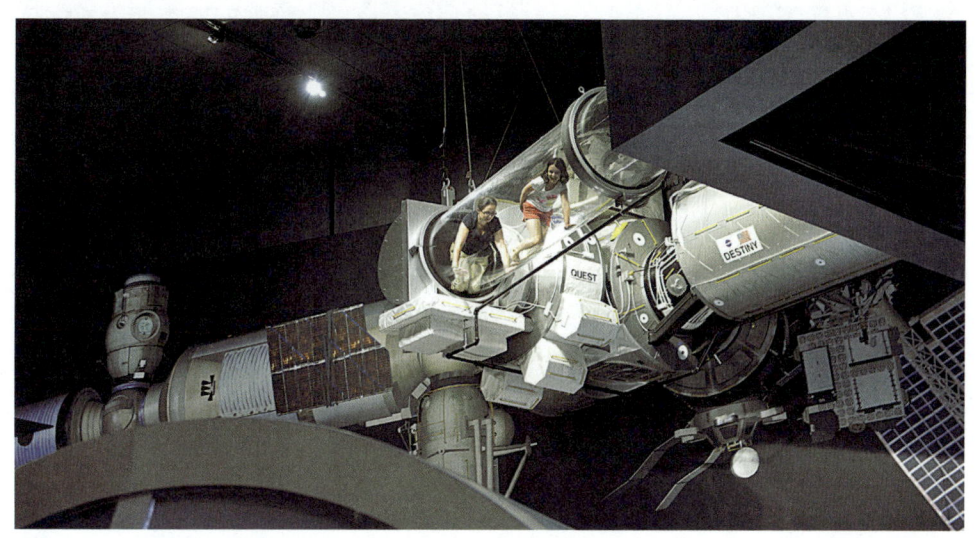

图 2-17　奥兰多宇航中心的体验项目　观众在机舱中爬行　　　　　摄影：吴诗中

奥兰多肯尼迪宇航太空中心的观众体验项目（图 2-18），创意设计师们设计的一个软垫的滑板，坡度很陡大于 60°，在滑板上向下俯冲的速度达到 10 米/秒以上。在画面上的一名美国小女孩正在从高处冲下来，犹如航天飞机在

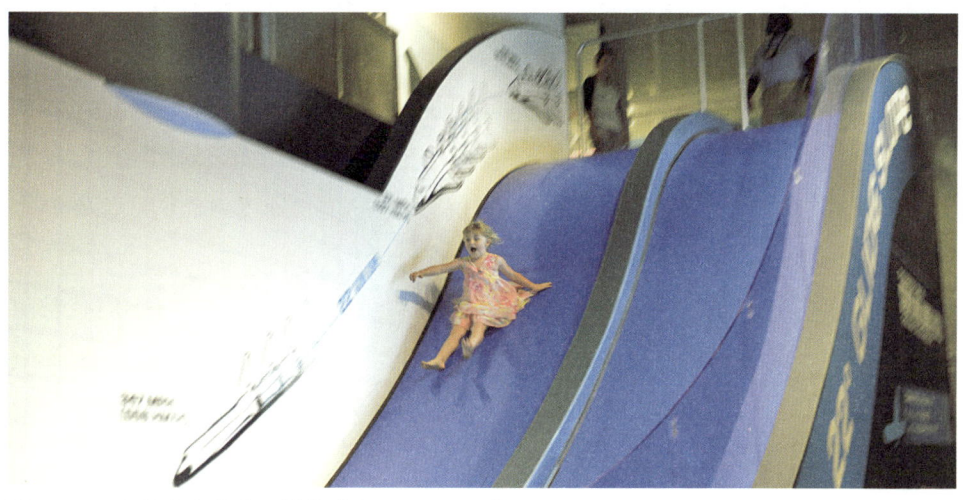

图 2-18　奥兰多宇航中心的体验项目　　　　　　　　　　　　　　摄影：吴诗中

大角度高速俯冲，小女孩在俯冲的过程中体验航天飞机在太空中大角度俯冲时高速度对身体的压力，在冲下来的过程中小女孩被高速度和强烈的冲击吓得尖叫。

以上几个案例都是美国奥兰多肯尼迪宇航太空中心陈列的航空航天科学技术展项，现在，奥兰多已经是以航天闻名天下的滨海城市。一般来说，到佛罗里达州，不要错过到著名的卡纳维拉尔角岛上的奥兰多肯尼迪太空中心一游。

在2011年以前，航天飞机的发射是牵动人心的大事，得知消息的数十万观众，会赶到发射基地附近，等待航天飞机升空，他们就近露营，就为一睹航天飞机升空一瞬间的风采。

美国太空总署在奥兰多设有观光游客中心，所有的航天飞机退役以后，美国太空总署在这里建设太空博物馆展示真实的太空飞行历史资料。在太空中心参观，观众可以看到各种太空船、月球登陆车、航天飞机和航天飞机发射台、火箭和火箭发射台、航天发射指控所等。这些重要的航天科学装置都静静地待在这里，等待人们前来观赏与它们互动。

四、信息科学原理互动展项

"计算不再只和计算机有关，它决定我们的生存"。

——尼葛洛庞帝

"信息时代缔造一个一个新的神话，它剥除了工业时代现代性那种物质主义和技术功能主义的外壳，它犹如新世纪的摩西，将人们从现实的物质世界的束缚中解放出来。人们之间的交往越来越便捷，光纤、无线通信和网络传输技术已经突破了贝尔时代的梦想，它正以几何级数的增长速度将人们联系在一个更紧密的空间，世界仿佛一夜之间变小了。"[①]

当信息时代的钟声敲响的时候，地球上人类的生活比以往的任何时代都更为绚丽多彩。网络技术、媒体技术、虚拟技术等信息时代的技术已经彻底影响并且改变了我们生活中的一切。目前，信息技术走在世界前列的仍然是美国，

---

① 吴诗中. 虚拟时空——信息时代的艺术设计及教育［M］. 北京：高等教育出版社，2015.

美国旧金山的硅谷是世界计算机技术的中心地带。在旧金山硅谷的英特尔博物馆，向世界游客展出了美国计算机发展的历史和计算机领域的大事件。图 2-19 为位于旧金山硅谷英特尔博物馆陈列的展示数字技术的互动展项。一名来自中国的学生正在这个数字展项前，操作互动界面查阅计算机数据文件，她正在这个互动装置里查找有关数字信息传输的原理，想了解数字数据如何在两个数字设备中无线连接、无线传输、无线存储。当她继续点击红色操作界面，显示屏幕还会出现在人类历史上，计算方式的发展历史和演算形式的变化。图 2-20、图 2-21 为旧金山硅谷英特尔博物馆里计算机陈列展柜，展柜里陈列着一台早期的笔记本电脑。这个展柜的特殊之处在于展柜的玻璃，没有信号的时候，玻璃仅仅是对展柜内的展品起保护作用，一旦给玻璃接通信号，这块透明的玻璃屏幕就会出现早期计算机图形、计算机处理器的说明文字等信息和数据。目前，这种透明屏技术已经开始在全球推广使用，数字透明屏的优势给科技馆、博物馆陈列艺术带来了新的设计形式，这种新的设计形式在当前的市场中具有无比的竞争力。从图 2-21 中可以看到，一位来自中国的布展设计师正在这个

图 2-19　英特尔博物馆互动展项　　　　　　　　　　　　　　　　　摄影：吴诗中

图 2-20　英特尔博物馆的计算机展柜　　　　　　　　　　　　　　　　　　摄影：吴　桐

图 2-21　英特尔博物馆计算机展柜的透明数字屏幕　　　　　　　　　　　摄影：吴　桐

数字透明屏幕前徒手操作屏幕，随着这位设计师的点击，屏幕上出现展柜内笔记本电脑的运算数据和计算过程的相关信息。图 2-22 为位于美国旧金山的创新博物馆里面的互动展项，还是那位来自中国的设计师，此刻正坐在数字操作台前，按照互动展项事先设计的程序，一步一步地执行，屏幕上很快出现一个 3D 建模的恐龙图形，如果这位设计师继续玩下去，恐龙会慢慢长大，会有恐龙生活的环境出现，长大的小恐龙会融入原始森林中，融入大自然中。

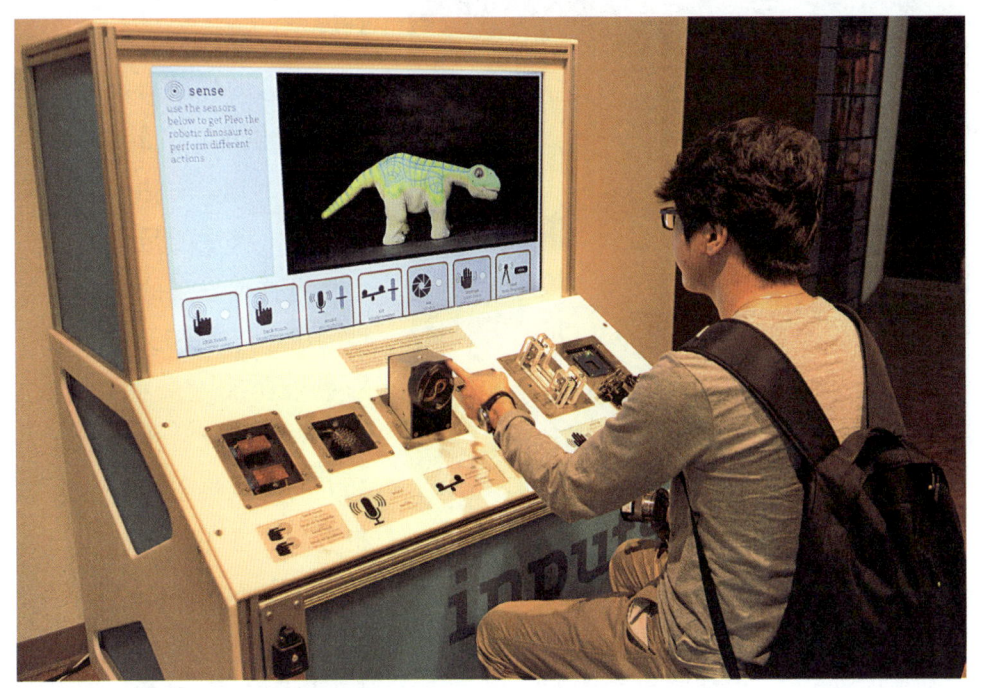

图 2-22　美国旧金山创新博物馆互动展项　　　　　　　　　　　　　摄影：吴　桐

中国有一句老话："书山有路勤为径，学海无涯苦作舟"。美国也有布展设计师关注着中国传统文化，在研究古代中国流传至今博大精深的语言内涵以后，做出了一个"书山"的设计（图 2-23），书籍成螺旋状堆积起来，一直盘旋到天顶位置。反映出创新来源于文化知识积累，来源于对科学原理的理解，而文化知识和科学原理隐含在书山里。这个展项意在形象地鼓励观众要多读书、多学习。只有学好了文化知识，理解了科学原理，掌握了相关技能才能够去创新。

科技展览策划与设计

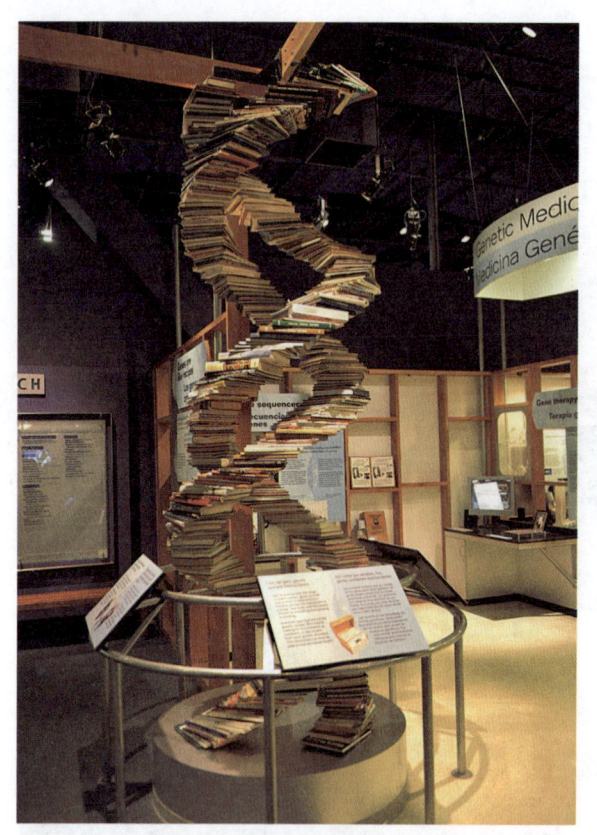

图 2-23　美国创新博物馆的书山展项　摄影：吴诗中

美国信息科学的水平在全球是领先的，当在国际上信息技术突飞猛进的时候，中国的信息技术也不甘落后，取得了令人瞩目的学术成就。在中国，以数字技术为主的信息储存、信息传递技术更为突出。中国上海科学技术馆里信息的传递与发展展区的展示空间（图 2-24），在图（图 2-24）右边的 3 个异形圈里，展示的是人类历史上信息传递发展的几个代表性的信息传递的形式。比如，烽火台在敌人来犯的时候，己方点起烽火放出烽烟，让远方的防卫将士做好打击来犯之敌的准备。再比如，鸿雁传书，鸿雁传书其实是飞鸽传书，是中国的一个成语故事，传说在汉朝时，汉武帝派苏武出使匈奴，被单于扣留流放北海苦寒地带去牧羊多年。10 年后，汉朝与匈奴和好，汉朝使者要求单于释放苏武，但单于谎称苏武已死，仍不让苏武回去。有人告诉使者苏武在牧羊的真情，让汉使对单于说：汉昭帝射得一雁，有书信在雁足上绑着，书信上说苏武就在北海的某个地带牧羊。单于再也无法隐瞒，只得让苏武回到汉朝。之后，鸿雁就被人们用于比喻书信传递，2014 年我国曾发行过一枚《鸿雁传书》的邮票，其中第一张就是苏武牧羊。中国上海科学技术馆的信息存储展区完成的空间展示效果（图 2-25），蓝色调的色彩氛围，具有科学技术的自然属性，背景版面上，有关于计算机输入和输出信息设备的说明，有计算机信息仓库——存储器的详细介绍。除了说明文字，展示版面上没有多余的视觉画面。在图的正中间，有一个以夸张的手法展现的

66

巨大数字光盘，数字光盘插在一个倾斜的类似于遥控器形状的柱子上，柱上有数字刻度的指示灯。这种数字光盘的形象直接地说明了信息存储的展示主题，蓝白为主的搭配，更凸显出信息科学、信息艺术单纯的特点。

图 2-24　中国上海科学技术馆信息传递的发展展区　　　　　　　　　　摄影：朱　瑀

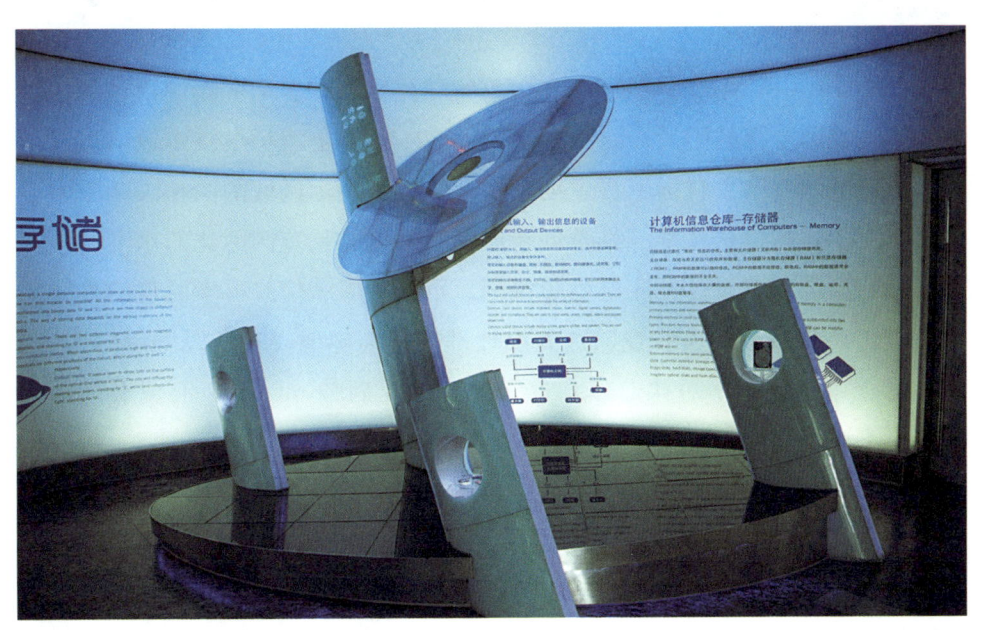

图 2-25　中国上海科学技术馆信息存储展区，放大的光盘　　　　　　　摄影：吴诗中

北京中关村国家自主创新展示中心北区改造提升的概念方案（图2-26），这个概念设计方案的主要设计目的是通过信息表达来呈现自主创新的成果。这一方案既造型简洁又信息丰富，既色彩统一又富有色相的对比和变化，是比较前卫的概念设计。

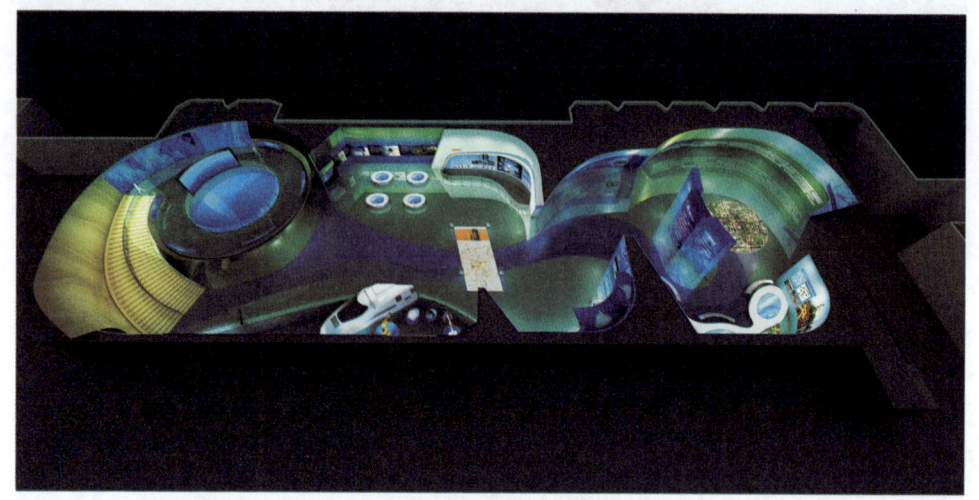

图2-26 中关村国家自主创新展示中心北区提升改造概念　　　　摄影：徐　剑

图2-19～图2-22是美国旧金山英特尔博物馆和美国创新博物馆的信息科学原理展示空间的图片，而图2-24～图2-26是上海科学技术馆信息科学展示区域和北京中关村国家自主创新展示中心的展示区域的图片。从图中可以看出，中国的信息科学、科学创新展示水平已经具有国际化的水准，不管是空间造型的创意设计，还是色彩氛围，不论是展示信息科学原理的具体展项设计，还是互动体验装置，这些设计都能够准确地表现所要展示的内容，毫不拖泥带水，毫不矫揉造作，也无丝毫的无病呻吟。既不浪费观众的时间，也不浪费展馆的空间。

以上科技展项与科学原理二十几幅案例图片表现了科技展览策划和展览大纲写作的重要意义，也表现了科学技术和信息艺术的结合是科技展览设计的绝佳方式。任何一个科技馆的科技展览，内容总是首要的，展览内容的表现形式为展览大纲。科技展览大纲写作的目的之一就是让观众真正领略科学技术为我们的时代带来的巨大的冲击力和改造力，也让观众明白科学和技术对时代的冲击和改造随时都在发生着，我们应该适应这种冲击和改造。

思考题：
    1. 科技展览内容策划的意义？
    2. 表现科学原理展项的特点？

第三章
形式创意篇

由于科技类展馆陈列内容上具有的科学性、多样性，成就了科技类展馆布展形式上的前沿性、创新性和丰富性，其中包括在布展陈列中使用和融入了更前沿的陈列技术、更新颖的科技手段、更丰富的展示形式、更多样的风格流派和更亲切的人文关怀。科技类展馆并不是冰冷的无人情味的展示，它们更多的是向观众展示关于科学技术的历史、科学技术的发展、科学技术成就和科学技术创新的人文精神。科技展馆在不断地实验与发展中，力求脱离陈旧的展览方式，摒弃古董摆放式陈列的思维模式，将越来越新颖的科技展览的展示形式呈现在世人面前。本章将重点论述关于科技类展馆中布展创意的展示形式，以全新的视角、全新的体验和全新的思维方式开启人们对于科技类展馆新的认知与设计思路。

第一节　科技展馆与科技展览空间创意

科技类展馆与传统人文类博物馆的不同之处在于科技类展馆需要更多、更真、更新颖的展示陈列形式，用更多的布展设计手段和更合适、更精准的陈列方式将新的科学知识和新的科学技术展示给观众。如果科技展馆的展览形式过于陈旧，会使观众对于科技类展馆的定位产生疑问，对于这个科技类展览中科技展览内容的含金量产生质疑，从而影响科技展览的观展效率。所以科技展览的空间创意设计也必须与时俱进，脱离陈旧的、一般性展览的模式，为观众开启一扇全新的科学技术展览陈列设计的大门，迈过这扇大门，观众的眼前是一片全新的视野。在这片全新的广阔的视野中，目前，已经见不到简单的、传统的视觉意义上的展板、展览模式，代之以"多感受""全方位""新技术""新体验"的展示陈列形式，从科技展馆空间形式上给观众带来前所未有的全新体验。

一、科技展馆的外环境设计

科技类博物馆的外环境设计是科技类博物馆设计的重要组成部分之一，也是博物馆的门面，它可以带给人们直观的感受，给人们留下第一印象。科技类展馆的外环境设计需要兼顾展馆建筑和展馆内部的设计风格，与展馆内部的设计风格相适应。不应出现外环境和建筑两者风格差别过大或两者风格相互孤立的设计。科技类展馆的外环境设计除了注意建筑环境专业设计标准、设计追求以外，还应从科普性与和谐统一性入手。图 3-1 为位于日本东京的日本科学未来馆的外部环境。

图 3-1　日本科学未来馆外部环境　　　　　　　　　　　　　　　　摄影：姜昊生

首先，科普性是贯穿科技类博物馆陈列布展设计始终的重要线索，设计师应当在科技展馆的外环境主题形象设计中也要体现出与科技展馆展示主题相关的科普装置或者科普雕塑。日本科学未来馆的外部环境中的艺术雕塑（图 3-2），雕塑下方有日本科学未来馆馆长的题词，表达一个科学家从宇宙的高度去看地球，他认为，地球是宇宙中最好的仙境，是非常宜居的地方，地球是有生命力的，从全部的生命体来考虑，现在的我们应该整合全人类各方面的力量共同努力保护我们的地球、爱护我们的家园。距离日本科学未来馆约 200 米处的环境景观雕塑（图 3-3），雕塑所在的位置已经离开了日本科学未来馆建筑环境的场域，但是雕塑以 3 块弧形体的组合，其造型简洁大方，有

第三章 形式创意篇

图 3-2 日本科学未来馆外部环境中的艺术雕塑　　　　摄影：姜昊生

图 3-3 日本科学未来馆外环境中的景观雕塑　　　　摄影：吴诗中

张力，富有时代特色，体现了创新的含义，成为日本科学未来馆外部环境的一部分。一般来说，科学展馆外部环境的主体形象既可以是静态的具有科普知识内涵的艺术装饰造型，又可以是动态的科普互动装置。观众可以在不进入展馆的情况下，在展馆室外就能学习到科学技术知识，一方面是普及了科学知识，传播了科学思想，另一方面也是吸引更多爱好科学的观众进入科技展馆，观看科学展览。

其次，和谐统一是科技展馆外环境设计、外环境主体形象设计的另一个重要关注点。科学展馆外部环境和室内布展风格的统一设计能使得展览的各部分达到和谐的效果，同时使得科学展馆的布展设计更为完整。想要达到风格设计的一致，布展设计师需要从以下几项考虑：展示内容主题的完整性、布展材料选择使用的统一性和展示内容与陈列形式设计的呼应性。

展示主题内容和可视形象的完整性在于展馆的内容主题与建筑外部环境、建筑内部空间环境的设计语言应当一脉相承。日本科学未来馆建筑外部设计形式和材料综合表达出的视觉效果（图3-4、图3-5），在建筑装饰设计上使用了金属、玻璃等为主要材料，装饰结构设计上采用弧形、三角形、长条板状、圆

图3-4 日本科学未来馆的外部设计　　　　　　　　　　　　　　　　摄影：姜昊生

图 3-5　日本科学未来馆的外部视觉效果　　　　　　　　　　　　　　　　　摄影：吴诗中

球体的互相穿插组合，极为巧妙。日本科学未来馆的大厅室内环境设计（图 3-6），从视觉效果上来看，室内室外的设计语言是一致的，达到了和谐统一的境界。

最后，科技展馆建设选用材质、肌理的统一性在于展馆的建筑、装饰、布展综合材料的选择，一般来说，布展和精装修材料、外环境的建筑材料3个大的环节上应当相对统一，在材料质感上、触觉肌理上和视觉感受上应当追求和谐。日本科学未来馆建筑外装饰使用的材料（图3-7）和室内大厅空间中使用的材料（图3-8），在材料的选用上注重材质和肌理的选择，从大厅的大空间照片

图 3-6　日本科学未来馆的大厅室内环境设计
摄影：吴诗中

77

图 3-7　日本科学未来馆的建筑外装饰使用的材料　　　　　　　　　　　　　　　　　摄影：吴诗中

图 3-8　日本科学未来馆室内装饰使用的材料　　　　　　　　　　　　　　　　　　摄影：吴诗中

（图 3-6）中看出其设计语言和形式是统一的。但是，在这一问题上并不是要求所有参与展馆建设的设计师使用完全一致的建构材料，过分统一的设计形式也会使得展馆建筑、布展与外环境的设计形式上过于单一，视觉感受上枯燥乏味。如果在外部环境的设计形式上追求对比因素，在此基础上再达到视觉效果上的和谐统一，则是最佳效果和最佳追求，这就要求设计师既要尊重展馆的设计，从材料的选择上寻求一种材料在外部光照等综合因素的作用下，获得展馆与外环境的和谐性。如巴黎卢浮宫前的贝聿铭先生设计的水晶金字塔（图 3-9），建构金字塔的材料与卢浮宫的建筑材料并非完全一致，但是由于选用了巨大的玻璃作为金字塔的主要建构材料，在玻璃通透性能作用下，从视觉上看起来，达到了展馆外部环境与周边建筑并不冲突的效果，而是对比之中又有和谐，这比单纯地追求和谐更为有意义。在观众眼前，是一个水晶般的金字塔，它采用的透明材料的穿透性使得观众视线并未被附加的巨大三角形外环境设计所阻挡，透明材料能够与建筑材料在视觉关系上和谐一致，卢浮宫的全部风貌依旧可以看见，这种设计材料的成功选择是设计追求材料统一观念的最佳注解。

图 3-9　巴黎卢浮宫前的水晶金字塔　　　　　　　　　　　　　　　　摄影：杨　滋

设计内容的呼应性在于科技展馆的主要展示内容的属性与展馆外环境的设计主题相互呼应。这两者的呼应是展馆内部展示内容的外化，是无声的科技展馆展示内容的宣传。科技展馆外环境的设计是展馆内容的绝佳预览，是展馆内容的最佳阐释。一个优秀的科技展馆外环境设计能够吸引每一位过路的观众，并且因为观众的好奇心、探索心、憧憬心的引导而进入展馆，开始他们的科学探秘之旅。

科技展馆的外环境设计是展馆设计的第一步，外环境设计的重要性不言而喻，值得每一位从事科技展馆设计工作的设计师深究。

二、科技展馆的人流控制

科技展馆作为普及科学知识、宣传科学成果、展示科学作品的第一场所，承担了面向社会、服务大众的科学教育任务。一般来说，学龄前和学龄期观众参观科技展馆是很有必要的，每一个城市的学龄观众人数非常多，给科技展馆造成一定的压力，面对这样的科学教育任务，科技展馆的人流控制设计也是必不可少的一部分。人流控制的设计需要面对多种人群，面对多种流量的人流控制。下面从两个不同的角度来分析科技展馆人流控制的设计方案。

（一）观众的年龄分类

从年龄角度将观众分为四类：学龄前观众、学龄期观众、成年观众和老年观众。

学龄前观众好奇心强，但耐力相对不足。应当在人流控制的通道上设置与主题相关的内容和人性化的服务设施，以方便学龄前儿童的观展。如母婴室，儿童活动空间等设施，以达到人流控制的目的。同时，对于母婴应当开设绿色通道，快速进入展厅观展。

学龄期观众活跃度高，学习能力强，他们是现阶段科技展览的观众主力军。设计师应当在公共空间和人流控制的通道上设计寓教于乐的科普互动展品，让学龄期的小观众们从展馆的公共空间或者公共通道进入展厅的行进过程中不再枯燥，将在人流路线上行进的时间和公共空间休息时间利用起来，转化成为科普知识的学习时间，在行进中通过家长的引导和小观众们自身的探索能够学习更多、更新奇的知识。上海自然科学博物馆的公共大厅（图3-10），在这个公共空间里设计了一个巨大的恐龙骨架化石，恐龙化石和自然科学博物馆的展览属性有着必然的联系，恐龙骨架展台的基座是几何形锈铁板，将锈铁板进行焊接、组合、切割，并留出几个展龛，展龛中陈列着小块的恐龙化石。几个学龄期的小朋友正在公共休息大厅内（图3-11）一组锈铁板组合的展龛前，

图3-10　上海自然科学博物馆的公共大厅　　　　　　　　　　　　　　摄影：吴　桐

图3-11　上海自然科学博物馆公共大厅恐龙骨架基座（小朋友在展龛前学习）　　摄影：吴诗中

学习有关恐龙化石的知识点，采集恐龙化石的相关信息。

成年观众具有较强的体力和系统健全的知识体系，占观众总数相当多的一部分。在人流控制上应当注意设计多种辅助设施，以利于各种类型的成年人在公共休息区、在人流拥挤排队的时候不耽误时间、消耗时间。比如，设置观众休息区、展馆文创商店、预展信息看板、卫生间、食品供应车、遮阳通道等。

老年观众缺乏体力，应当是人流控制设计中必须被重点关注的人群。应该针对老年观众开设绿色通道、特殊休息区域等，方便老年观众进入展馆观展，并且能够有足够的人性化的空间让老年观众适时得到休息。

（二）人流控制的判断

对于人流控制方案，设计师需要针对展馆内部不同展区的面积设计不同的展览人数的人流控制方案。准确判断展馆的人流量，准确判断闭馆前的观众人数，准确判断展厅的容量，准确设计各人流控制区域的通道和划分各个功能区域。这些细节都是布展设计师在设计人流控制方案时需要考虑的。

对于展馆的人流量统计可以帮助计算合理的展馆观众容量。当然，这需要统计多次数据进行综合平均计算才能作为参考依据。节假日人数，平日人数和特展人数的流量统计都需要考虑在内。这些数据的统计便于售票处作为售票控制参考，从入口处开始控制人流量。闭馆前的观众人数的判断与观众的排队时间有关。一个好的展览应当注意估计每天最后一批观众的进馆时间，以控制展览当天最后的闭馆时间。不要让任何一位观众因为人流控制方案的失误而无法观展，失望而归，这是人流控制的最后控制线。

各人流控制区域的通路和常设展览功能区域划分应当遵循由多至少的规律或是均衡分布的规律，最终控制每一批观众在展厅容量范围内。观展通行道路的规划优劣能影响观众的心情。展馆需要分配一定人数的工作人员来引导和管理各通行道路的排队情况，以免出现混乱，这是人流控制的重要过程。东京日本科学未来馆大厅的人流控制情景（图3-12），这个大厅中人流比较有秩序，在各种措施的作用下，观众有序地排队进入展厅参观。

人流控制是展览设计中与观众直接对接的关键。人流控制科学化、秩序

图 3-12　日本科学未来馆大厅的人流控制情景　　　　　　　　　　　　　　　摄影：姜昊生

化、人性化的必要性不言而喻。有效的人流控制能够给观众带来参观上的便利，使观众的观展心理得到最大限度的满足。在人流控制环节上的用心设计是展览设计师对观众的最大尊重、最大关怀。

三、科技展览在科技展馆中的空间形式

科技展览在科技展馆中的空间布局与常规的人文展览不同，科技展览需要有一个由浅入深的过程，同时，因为科技展览针对的受众面广，需要具有科技展馆最基本的科普性。科技展览的空间布局与展览主题息息相关，具有独特的设计风格。

（一）循序渐进

循序渐进的布展方式指的是科技展览的空间布局与科技展馆主题的知识深入程度有关。科学知识内容的传播从简单到复杂，从基础知识表现开始一步一步进阶，从边缘知识科普到核心知识深入，由浅入深向观众娓娓道来，层层

递进易于理解。这种科技展馆的空间布局需要展览设计师深入了解展览的科学原理，整理出科学知识的脉络框架，并将其原理以最简单、最直接、最有效的方式向观众展示，以达到能够循序渐进地传播科学思想、普及科学知识的目的。在平面布局和参观顺序安排中，将简单易懂的内容放在前面，陈列方式上也简洁明了，陈列造型上尽量与内容紧密配合，不要过多地追求复杂的、多维的、花哨的、刺激人的视觉听觉效果，而要把深奥的科学原理简单化，以观众能充分地接受信息为主要目的。一个展览像一个故事，故事情节中有起伏跌宕、有高潮、有趣味，一个展览像一首歌曲，歌曲中有抑扬顿挫、有高昂、有激情。在科技展览的平面布局中，要把最高昂的部分设计在展馆中间靠后一点的位置，让观众在此获得最有价值的信息，有趣味，有回味，从而激发观众参观的热情。展览的最后部分是结尾，在这里应该对整个展览有一个小结，让观众将看过的展览，获得的信息在此有一个归纳，有一个回忆，所获得的内容哪些最为精彩，所学到的知识哪些最为实用，所得到的信息哪些能传承过去面向未来。虽然这只是一个循序渐进的布展设计方式，但是，这个设计方式具有实用性，按这个方法进行理性的平面布局，按这个方法设计出来的展览所展示出来的内容由简单到深奥，由具象到抽象，由感性到理性，由实践到理论，最后在收尾部分对这个展览有一个完整的、科学的总结。

（二）主题形象抽象夸张

主题形象抽象夸张的空间布展方式是以被展示内容主题的可视形象进行抽象、进行夸张，将抽象出来的形象在展区中立体化地使用。主题形象抽象夸张应用在展馆的空间条件和自由度上要求较高。主题形象抽象夸张的展览空间布局形式能够最直观地让观众直接感受到展览主题，感受到适合该主题的展览形式的构造，给观众造成一种好奇、趣味性的印象。这种既形象又直观的方式最容易打动观众。

哈尔滨科技馆机械原理展区（图3-13），设计师将展区空间模拟成为一个机械符号空间造型的形式，将这一展区中的每一个展台、柱子和每一个可见形象都设计成为"大齿轮"。齿轮是机械运动中最为基础的形象元素，主题形象抽象夸张要求被展览主题具有一个物理性的实体，并且具有一定的边界限制。

图 3-13　哈尔滨科技馆机械原理展区　　　　　　　　　　　　　　　　　　　　摄影：姜昊生

展览主题形象可以按比例夸张扩大或缩小，供观众在展览空间中游览，学习科学技术知识。在这种展览形式中，科技展馆的空间效益被最大化利用，并且稍加变化、增加动态装置就可以变化为互动形式的展览。同时，这种展览形式便于文化程度一般的观众在直观感受中学习，观众身处符号空间形式环境之中，前后左右，头顶上方，看到的、听到的、摸到的、感受到的都是机械符号。在这个符号环境中观众能够更快地获得技术知识、更快地理解技术原理、更容易体验到科学精神。

（三）互动展区

当前，科技展馆中的科技展览不可缺失的一个展示区域便是"互动展区"或者互动展项。在这个展区中或者展项中，通过各种新的展览形式、展示手法尤其是交流互动的方式，观众能够主动地、适时地、随意地获取展厅中传统展示方式条件下无法获取的大量信息。互动展区或者互动展项灵活的展示方式、与时俱进的技术手段、生动有趣的交互界面最适宜表现当前领先的科学技术成果。互动展区的设置有利于观众更加快速地获取知识，当观众主动地去获取知识的时候能够加深对互动展项所表达的科学内容的印象。互动展区的互动展项也有利于拉近观众与科学技术知识之间的距离，塑造出科技展览的亲和力，不再以"未知的科学"这一定位示人。向人们展示出"人人都可以了解的科学"成为互动展区设置的目的。东京日本科学未来馆中一个以生活设计创新为主题的临时展览互动项目（图3-14）。主持人出一道创作题，几个小观众在家长的帮助下快速地在纸上画画，也有家长干脆代替小孩亲自动手画。在互动活动中画得好的作品，会被主持人展示在前面的画框中，也会在大幅面视频中来回播放，图右边一个大一点的小孩拿着自己刚画完的画，正打算去找主持人交作品。

图3-14　日本科学未来馆临时展览互动项目　　　　　　　　　　　　摄影：姜昊生

四、常规形式与特殊形式

科技展馆展示形式中所指的常规形式是指科技展馆中经常采用的传统的展览形式，如表现科学内容的以图文为主的展览版面形式，表现科学原理的可触摸的实体模型形式。这些常规展示形式多是小规模的科技展馆所使用的。常规的展示形式能够节约展览经费，且在一定程度上能够有效传达科学知识。但是，常规的展览形式毕竟比较传统，没有新意，缺乏时代感，所以传统的常规的展览形式正在逐渐地退出历史舞台。

第三章　形式创意篇

　　随着 21 世纪的到来，人们的生活已经进入了数字化时代。"零感受"或者是"少感受"的常规展览形式已经开始渐渐被观众遗忘。用生动代替死板，用互动代替灌输，用融入沉浸代替表面浏览。观众们寄予科技展馆更多的期望，希望科技展馆能够有更丰富的、适应数字时代和信息时代要求的展示形式。科技展馆也据此作出了回应。大多数展馆已经开始进行各种不同的尝试，多种实验性的特殊形式在科技展馆中出现。位于北京的中国科技馆（老馆）展出的虚拟全息影像"恐龙头骨"（图 3-15）。这一全息技术表现的虚拟恐龙头骨，飘浮在空中，真实的、立体的，就在观众眼前，多数观众进入展厅就会被眼前虚拟的立体的恐龙头骨影像所吸引，甚至被眼前的虚拟头骨所欺骗，以为它就在镜子的后边，于是便绕到镶嵌头骨全息照

图 3-15　"恐龙头骨"　　　　摄影：吴诗中

片的金属框后面去摸一下，看恐龙的头骨是否真的存在，但是后面只有空气。这一全息技术虚拟表现手法的运用，增强了展示效果的趣味性，增加了物理空间的深度，具有视觉弹性，吸引了观众的注意力，甚至使观众驻足不前，流连忘返。虚拟展示形式使科技馆展示空间形式设计更具有神秘感。虚拟的全息恐龙头骨看得见、摸不着、有体量、没重量，成为科技展馆中一种虚拟性的特殊展示形式，不再是常规，不再是一般。

　　以虚拟技术、交互技术、网络技术、感应技术综合运用于科技展馆、博物馆陈列布展设计成为一种发展趋势。故宫端门"数字故宫"展厅中央主题体验区（图 3-16），是数字技术在博物馆陈列中运用的真实案例，"数字故宫"这个数字技术营造的交互体验项目利用了综合数字技术与设计艺术融合的形式表现

87

图3-16 故宫端门"数字故宫"　　　　　　　　　　　　　　　　　　　　　摄影：师丹青

故宫古典建筑，并以叙事的形式叙述故宫博物院的过去和现在、前世和今生。"数字故宫"的设计成功地体现了科学技术与艺术设计学科交叉运用于博物馆展览陈列设计所产生的与以往陈列技术完全不一样的交互体验技术之"美"。

特殊展示形式并不仅仅只是指运用高科技或者信息技术这一种形式，它还包括了更多的传统展示演播手段，如演剧形式，影视播放，游戏参与，互动问答等各种形式。这些多种多样的特殊形式丰富了观众的观展体验，多角度、多形式、多维度地刺激观众感官。展览的体验不再单调，具有了更多观展情趣，具有人情化、人性化、游戏化的适合科技展馆的展示设计手段都是特殊展览形式设计中需要考虑的重点。目前，以数字影视技术播放科学影片最合适的形式便是4D影院，4D影院技术在科技展馆中的运用已经屡见不鲜，北京天文馆的4D影院（图3-17），观众躺在4D影院舒适的椅子上，仰面朝天，前后左右和巨大的弧形天顶均是演示屏幕，似乎置身于外太空中，周围都是浩瀚无垠的宇宙、按轨道运行的星球，不时还会有流星从观众眼前划过。观众此刻在4D影院里能享受到视觉、听觉、触觉、甚至温度湿度综合感觉，在奇妙的感觉中去体验外太空，体验科学技术给人类社会、人类生活带来的各种福音、各种便利。

常规形式固然也能够展现科技展览的更多文本信息、图像信息或者实物信息。但展览不是教科书，展览设计师们需要更多地从观众的视角出发，去挖掘关于展览更多的特殊形式，以恰当的特殊形式带动展览的动感程度、活跃程度，使科技展览更具有时代感，充满活力。

图 3-17　北京天文馆的 4D 影院　　　　　　　　　　　　　　　　　摄影：杨　滋

五、静态空间与动态空间

静态空间是指在展览空间中相对处于静态，无法自主产生运动的展项或展品构成的空间区域。如静态展品、静态雕塑类艺术品、展厅休息区等区域。

动态空间是指在展览空间中处于动态，能与观众互动或自主产生运动的展项或者展品构成的空间区域。如影片播放区，多媒体互动展台等区域。

传统的科技展馆着重强调物品在静态空间中的展示，将科技展馆定位成"不可亵渎的科学殿堂"，在这个科学殿堂里，科学技术类展品、展项成为高高在上的冰冷的形象，观众进入展览空间后会产生一种肃穆感与隔离感，缺乏欢快，缺乏时尚，展览中科技展品展项的"冷漠"使得科技展馆落入了展示设计的低谷。

当物理状态交互性的动态科学模型出现时，观众可以通过与科学模型的互动，学习到相应的科学知识，动感交流互动的展示项目出现，标志着科技展馆陈列设计迈向了一个新的纪元。当前是数字时代的主流时期，动感十足的交流互动技术不断涌现，能适合科技展馆的动态空间、动态展项的设计越来越多。它向我们展示了科技展馆未来发展的蓬勃生机。清华大学美术学院 2017 届研究生毕业展陶瓷系研究生的作品（图 3-18），以空心的陶瓷块模拟石头，在磁力的作用下，悬浮在空中，有电机带动"石头"不停地转动，这悬浮在空中不断旋转的陶瓷石头，让观众看起来简直不可思议。这个非常规形式的动态的陶瓷艺术创作作品，不仅仅是艺术灵感的再现，充满了对科学原理的理解和追求。

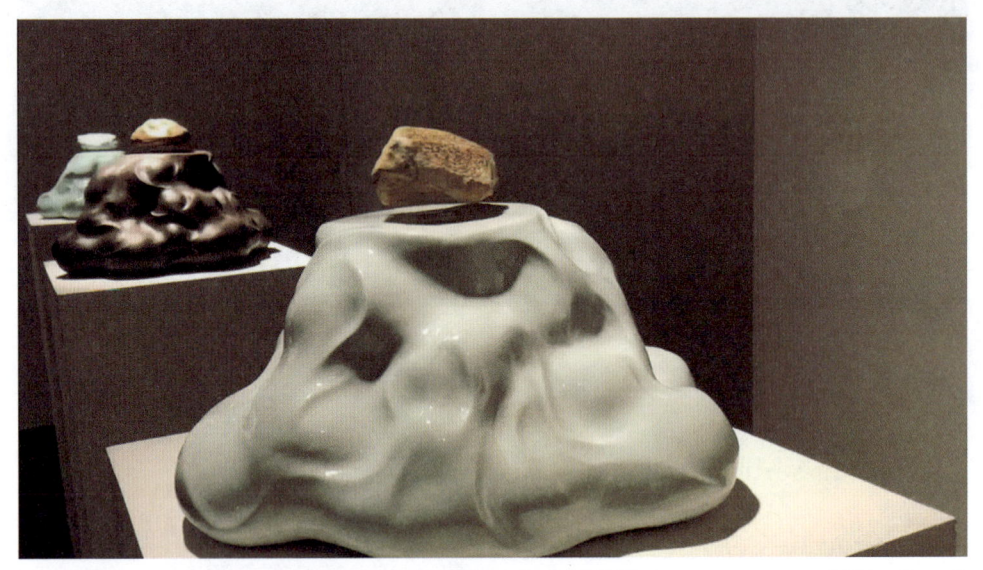

图 3-18　清华大学美术学院 2017 届陶瓷系研究生毕业作品展　　　　摄影：朱　瑀

在一个科技展览的组合构成中，动态空间、动态作品、动态展项数量的多少可以用来衡量这个科技展厅与观众产生互动频率的多少。动态空间区域和动态展项越多，观众能与科技展览碰撞出的火花也就越多。我们可以将动态空间、动态展项看做是展厅中的"游戏"，静态空间与动态空间设置的比例是营造展览气氛关键的一步。静态空间越多，展厅的气氛就会相对冷静与压抑，动态空间、动态展项越多，展厅的气氛就会更加活跃与兴奋。在科技展馆的设计中，需要根据不同的展览设置不同的"动静比例"，以契合展览的主题，调动观众观展的情绪。

六、物质空间与虚拟空间

物质空间与虚拟空间形成了展览在空间维度上的一种对应关系。

展示设计中的物质空间指的是三维的、实际存在于空间之中的、可以被观众实际触碰和感受到的展示空间。其中的物质指的是物质为构成宇宙间一切物体的实物和场。比如科技馆里展出的科学模型展品，一个科学展览里的场域空间。现代科学展览里以数字技术和声、光、电、磁技术营造出的场域空间，虽然没有大体量的物理材料的造型和物理形式的展品，但是按照物质的科学定义来说，展览的空间场域也是物质的，是以场的形式出现的物质。

展馆空间中物质状态的主要展示形式是高精度和高质量的展示模型或者是展示版面的形式，在物质状态的展示形式中，观众能够直观地去体验和感受科学知识，甚至从能够动手操作的互动展项中理解科学原理。物质状态的展示形式简洁明了、易于理解。

但物质状态的展示形式具有相对呆板和枯燥的缺点，信息储存能力也较低。如一个知识点就需要一个物理形式的展项去呈现，观众的体验学习过程时间短，且次数少，很难多次体会和感受，缺少重复的过程与乐趣。

虚拟空间指的是多维的、没有实际的物体、不能被度量的、不存在于实际空间之中的、不能被观众实际触碰和感受到的视觉空间。虚拟空间也可以说是：不符合或不一定符合现实状况的虚拟现实情境，在虚拟现实情境中能够见到的都是凭想象编造的事物。和物理时空一样，虚拟的空间也要和时间在一起，于是，虚拟空间也就称之为虚拟时空。关于虚拟时空有这么一段描述："我们可以用很多词汇来称呼虚拟时空，如网络时空、赛博空间、虚拟世界等，这些词汇都指向一个中心，即由计算机和网络构筑成的，由数字技术缔造的一个全新的领域。从纯技术角度考虑，这个世界没有真正离开过物质世界。然而，它的真正价值在于，超越于纯技术之上，是一个全新的生活空间。虚拟时空的意义并不单纯停留在物理连接中，而是在二进位制代码组合下形成了一个全新的时空。可以这样理解，虚拟时空的意义不在于其物质性，相反，非物质性和虚拟性是其根本特征。"[①]

---

① 吴诗中. 信息时代的虚拟艺术时空观［J］. 文艺研究，2013（8）：139.

以上这一段话基本上说明了虚拟空间或者是虚拟时空的基本特征，在虚拟时空观念的影响下，很多设计师做了大胆的尝试，设计出别具一格的陈列设计效果，山东日照市岚山博物馆虚拟交互长卷《祭海图——迎着晨曦出海》虚拟交互景观（图3-19），这是设计师于晶设计的岚山博物馆展示渔盐文化的叙事性交互场景，表现明清时期在山东日照沿海地区"祭海"这一天人们的生活景象。观众触动互动屏幕，虚拟技术投射出的大海一片湛蓝，海平线上帆船迎风破浪，海鸥在天空翱翔，大海边上，龙王庙前，香火缭绕，祈求平安。码头上，石头铺就的石板路，商人、渔人和农人，在古老的石板路上摩肩接踵、来来往往。在虚拟技术、交互技术的支持下，营造出了表现渔盐文化的虚拟交互景观"祭海图"，在这个虚拟交互景观中，看到日照岚山海边人们祭海的一天，日出和日落，出海和归来，明和暗、冷和暖的对比和变化，显示出了交互景观中信息技术应用所产生的无比优势，体现出了虚拟技术营造的虚拟之美。

图3-19　日照岚山博物馆渔盐文化虚拟设计《祭海图——迎着晨曦出海》　　摄影：于　晶

　　VR交互体验是虚拟设计中的新形式。VR技术营造出来的虚拟空间具有沉浸感，具有虚拟的真实感，看得见摸不着，漂浮在眼前，即神奇又有趣味，给人以极大的震撼。虚拟技术营造出虚拟的展示空间，虚拟空间的展示形式丰富了传统的物质空间展示形式。以全新的技术去展示多种信息内容，在短时间内提供给观众全方位、多感受的体验。声光电多方位刺激观众感官，运用最新技术，在展现科学知识的同时，观众也能触碰到当前最新的虚拟技术。技术的更新换代也意味着科技展馆的展示形式也要更新换代。虚拟技术的出现，意味着过去的展示形式将会被淘汰，新的展示形式将会以新的面貌带给人们意想不到的惊喜。

但是，当前的虚拟形式的展示空间的运用也存在着一些问题，虚拟形式的展示空间受到技术条件的制约，虚拟形式的展示空间展示项目要求制作技术高，同时，制作成本也高。虚拟展项的高成本、高技术条件使得很多展馆难以做到，以至于很多博物馆、科技馆在虚拟空间的设计创新和制作技术上进展缓慢，虚拟的展项粗糙落后，难以满足观众对虚拟展项观展体验的好奇心，而且虚拟形式展项所要求的沉浸式体验的效果也无法达到。

在虚拟空间的技术要求无法达到的情况下，设计师应当综合运用现有的技术条件，别出心裁地创造具有新时代展馆特色的新形式的"非物质空间"。在这里要说明的是我们提到的"非物质空间"是从设计艺术的角度去理解的，"非物质空间"指的是看得见、摸不着、有体量、没重量的立体三维空间，而不是物理学意义上的与物质意义相对应的"非物质"空间。有些以新技术新手法设计的新视觉空间，具有非物质空间的特点，新的视觉空间设计因为其"新"的特质，会比以往物质空间的设计带给观众的心理震撼力更强，视觉冲击力更大。日本东京的一个多媒体技术设计团队 teamlab 创作的科技体验展览中的一个展示瞬间（图 3-20），一群观众正在光电投影技术营造的非物体奇特环境中体验高科技带给人们的新奇视觉效果和难以理解的错觉感受。观众躺在地上，周边是多媒体技术、多媒体影像在新的光敏感材料的同时作用下营造出来的特殊光影，五颜六色，变化无常，流光溢彩。其中的每一个观众都成为一个美好的视觉元素，天、地、墙融为一体，分不出东西南北，辨不清大小高低，观众眼前只是闪烁的光、色、幻影。他们好像进入了一个奇幻的虚拟世界，童话一般，好似在梦中，甚至不想醒来。

从展示形式上来说，现代声、光、电技术构造的视觉空间是一个变幻的虚拟空间，这个变幻空间给观众带来的心理震撼是超乎想象的。如同沐浴在多彩

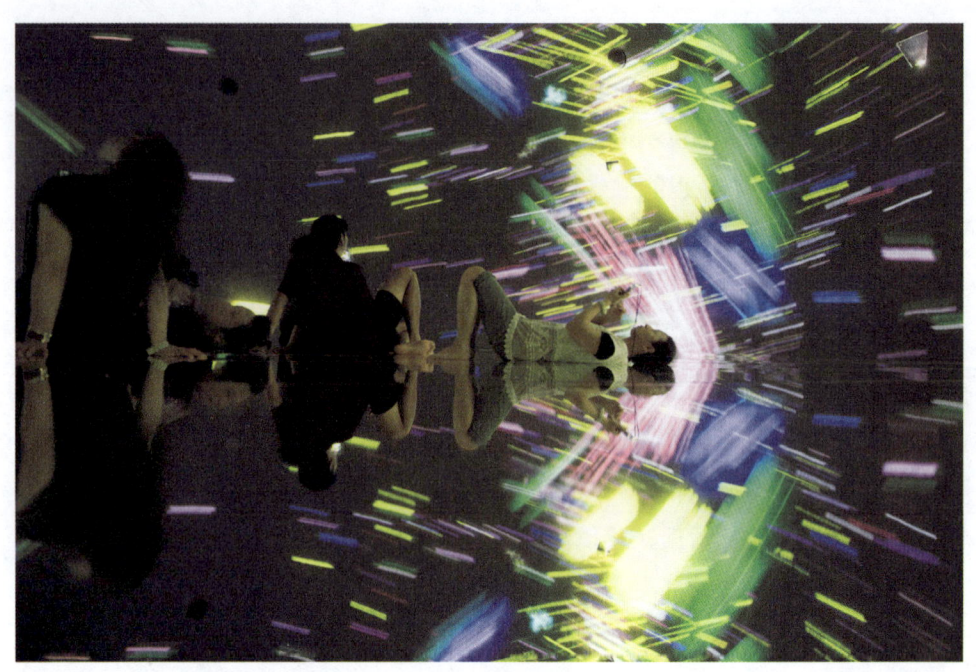

图 3-20　东京多媒体技术设计团队 teamlab 创作的影像变幻空间　　　　摄影：姜昊生

多色的祥云之下，发出熠熠的光辉。

　　在一个科技展馆的布展空间中，需要将物质空间和虚拟空间两者结合运用，使物质空间和虚拟空间相辅相成。物质空间可以成为虚拟空间的衍生想象模型，虚拟空间可以成为物质空间的延伸和拓展。

七、交互演示与对话体验

　　引入科技展览以来，多媒体技术在展览中显示出了独特的魅力与风格。多媒体技术的交互性能使得展览与观众之间的互动性增强。具有交互性质的展览实现了双向反馈，实现了观众与展览之间的双向交流。多媒体互动技术实现了观众与展览之间的交互演示和对话体验。

　　交互演示技术具有以下特征，突破了科技展馆以往的布展形式的局限。

　　（1）庞大的数据库。交互演示技术可以将一个科技展览大量的无法展示的资料内容录入数据库中，观众可以在展厅中通过互动展示方式得到自己对于不熟悉的展品的详细解说。这对于拥有大量数据的科技展览来说具有积极意义。

（2）多方位、多形式的资料展示形式。通过交互演示技术，枯燥的展览内容能够被转化为各种互动形式。比如，交互装置、视频、互动实验、小游戏等。有这些交互形式的辅助，观众与展品、展项互动的积极性大大提高。

（3）减少了时空的限制。交互演示技术具有"回顾性"和"适时性"的特点。使用交互演示技术，一方面可以在现场观展完毕之后，可以通过网络系统直接回顾已观看过的展品，并且不用再次回到展览现场；另一方面，交互演示技术的资料信息的调用可以是即时的，不受观展顺序的限制，也不受观展路线的限制，更不受观展时间的限制。想要参观展览，通过网络查询就可以实现。美国旧金山英特尔博物馆的交互查询装置（图3-21），从图中可以看到，这个博物馆的交互界面很多，观众查阅非常方便。交互体验技术的使用最大限度地便利了观众，提升了观众的观展兴趣和观展效率。在科技展馆中，随着交互性展示项目的增加，使得科技展览的人文性也得到了提升，观展形式不再刻板冰冷。

图3-21　美国旧金山英特尔博物馆的交互查询装置　　　　　　　　　　摄影：姜昊生

（4）机器人的情感化设计和表达是在人工智能引入之后逐渐受到关注的，情感机器人与人的对话体验技术是可以在展览中使用的新型展示形式。清华大学博士研究生毕业设计作品"魔甲机器人"（图3-22）手持笛子，优雅地站立在观众面前，可与观众进行对话、吹奏音乐，进行情感表达，它的外表神态冷静飘逸。"魔甲机器人"融合了智能与交互技术、音乐艺术、设计艺术和雕塑艺术，并且融入了强烈的中国传统文化元素。设计师运用科学技术的力量，结合艺术的魅力，创造出集神奇性、趣味性、科学性、艺术性于一体的新形式，

图3-22　情感机器人　　　　摄影：李佳音

这也是一种积极的尝试和大胆的探索。情感机器人的设计的成功，验证了机器人艺术发展的可能性，也说明了人文与科学、技术与艺术结合的前景无比广阔。

机器人在人工智能技术的支持下，经语音识别、形象识别后再与观众进行对话。对话体验技术在科技展馆中渐渐开始萌发，可以对话的展览指引机器人被开发出来，逐渐取代引导员的作用。对话体验技术具有"学习性"和"数据性"。展馆中的对话体验技术也需要经过前期实验，不断"学习"。通过大量的模拟对话而建立相应的数据库，以便在展览中及时回答观众的各种问题。新型的"输入"和"输出"形式让观众拭目以待。

科技类的展览应该应用当前最新的科学技术，交互体验技术与对话体验技术都是当前的新技术，都是值得利用的。交互演示与对话体验将会成为科技展览设计布展采用的重要技术形式。

八、物理空间与心理空间

在科技展览中，物理空间与心理空间的设计与物质空间和虚拟空间的设计具有异曲同工之妙。但两者的区别在于判断标准一个是空间维度上的，一个是观众心理上的。物理空间与心理空间的区分主要在于观众的心理判断，具有双向性。

物理空间与前文所提到的物质空间相对应。通常来说它指的是展览中现实存在的展示陈列空间。物理空间是人们通过触觉、视觉能够实际感受到的空间。具有明确的规划边界，是被固定的展览区域。物理空间是客观存在的展示空间，是不以观众意志为转移的存在。

心理空间并不存在一个明确的、被规划的边界。它取决于观众对于这个空间的主观判断。观众可以将任何一个空间认定为展览中的心理空间。在心理空间中，观众的自主权会大大增加。在展览中设计师设计合适的心理空间区域是有必要的，它能增加观众在展厅中的逗留时间，给观众创造心理空间的机会，加深观众对展览的思考和理解。

心理空间主要设置在观众与展览进行互动的区域，如互动展示台区域需要给各位观众预留充足的思考时间。而在公共空间中，观众也可以产生心理空间，如展览的文创纪念品店区域，选择是否购买的过程中就存在一个观众的心理空间。预留了心理空间的展览能给观众一个宽松的思考环境，增加观众对展览好感，增加展览的人性化程度，增加观众对展览美好度的评价。

九、过渡空间与公共空间

在任何一个展馆和展览中，展览区域的划分也就意味着过渡空间与公共空间的产生。

（一）过渡空间

过渡空间指的是展览区域与展览区域之间一小片空白的地带，设计师们需要充分利用此空间，巧妙地进行过渡设计，给观众的观展心理制造一个缓冲、轻松的空间，避免展览知识和展览风格的跳跃。如果把空间比作色彩，那么作为室内外结合区域的"缘侧",就可以说是一种灰空间。对于"灰空间"的定义,黑川纪章讲:"灰色是由黑和白混合而成的,混合的结果既非黑亦非白,而变成一种新的特别的中间色"。"不割裂内外,不独立于内外,而是内与外的一个媒介结合区域"。我们也可以将这个"缘侧"也引申成为各个展示区域的交叉区域。它不属于上一个区域也不属于下一个区域,它不容割裂也不容混淆。在科技类的展览中,设计师对于过渡空间的有效利用,一方面能使得知识的传递过程有足够空间可以对展览的科技知识进行详细的补充说明,过渡上下知识点之间的逻辑,起承上启下的作用。另一方面也能让观众在观展精神集中的状态下得到一些放松。

过渡空间有几种:①室内外过渡空间;②展厅过渡空间;③展项过渡空间。

(二)公共空间

公共空间,狭义的公共空间是指那些供民众日常生活和社会生活公共使用的室外及室内空间。广义的公共空间是指公共空间不仅仅只是个物理的概念,更重要的是进入空间的人们,以及展现在空间之上的广泛参与、交流与互动。这些活动大致包括公众自发的日常文化休闲活动,和自上而下的宏大的集会。而公共空间在科技展览中的定义则指的是:展览区域中观众可以与展览产生展览内容以外的互动或与其他观众产生交流的区域。

展览的公共空间设置是展览搜集观众情感,与观众产生交流的场所。通常的展览公共空间区域包括:展馆大厅、共享空间、展览咖啡厅、展览文创商店、展览儿童娱乐区、过道、走廊、展览休息室、展览读书空间等。

在这些公共区域,展览设计师应当考虑提高公共空间休息的舒适度,让观众能在观看展览之后有心情得到放松。同时应当在公共空间设计中设计与展览主题相符合的特色公共空间,科技展馆的公共空间设计更要注意展览的后续衍生,以达到统一和谐的目的。日本科学未来馆的公共空间(图3-23),为了观众能够在此休息,设置了几个大的观众能够短暂休息的座位,这些休息座位是一个个大的问号,喻意观众带着问题来到科学馆求知,寻求答案,获取知识。观众参观展览时间长了会感到疲倦,到公共空间的休息座位上短暂休息,短暂思

第三章　形式创意篇

图 3-23　日本科学未来馆的公共休息区　　　　　　　　　　　　摄影：姜昊生

考，由于这个大问号座位的坐垫不够软，也没有靠背，长期坐在这里会不舒服。从心理上来说，多个人坐在一个大问号上，挤在一起，心理也觉得不够踏实，所以在休息约 15 分钟后就会离开，把座位让给别人。

　　如果将参观展览的过程比喻成为地铁的运行的话，过渡空间是展览空间中的"地铁站台"，而公共空间就是展览空间中的"换乘站"。过渡空间和公共空间的设计要求具有科学的规划与人性的关怀。两者都是在展览中不可或缺和忽视。

第二节　科技展览的形式设计程序

一、平面布局与参观流线

　　展示一词的英文是 Display，是展现、打开、宣传、信息传达的意思，具有明确的受众与设计目的，其实是要将具体的事、物、信息综合在特定的空间内。

99

因而科技展览也不例外，其目的是让人们在特定的展示环境中获取信息，以便人与环境、人与物、人与信息更好的交流，这种交流的平台是展示空间所提供的。科技展览展示空间设计需要设计者有条理、有目的、符合逻辑地将展示内容呈现给观众，力求观众能够快速、清楚的获取有效信息。因而，科技展览展示空间中的平面布局设计是整体空间设计的关键部分。

与平面布局相辅相成的是参观流线，日本未来科学馆参观指南（图3-24）包括平面布局、展区内容等信息，在展示空间中参观流线是依附于展示空间内容的具有引导性功能的一部分。"流线"往往利用观者的行为心理来做文章。展示空间中的参观流线应该运用特有的设计语言与观众尝试对话、交流并且传递信息，以左右两条线为人的前进方向，令人在空间中自由往返但又不会迷失方向，不会导致空间阻塞或者人群滞留。当然，参观的流线也可以是单向或是多向的，一般来说，历史类博物馆和纪念馆多采取单向的参观流线，单向的参观流线的特点是目标简洁、明确，甚至有些时候会带有一定的强制性因素。相反，多数规模较大展览展示空间则含有多条参观流线，观众有更多自由选择的空间。

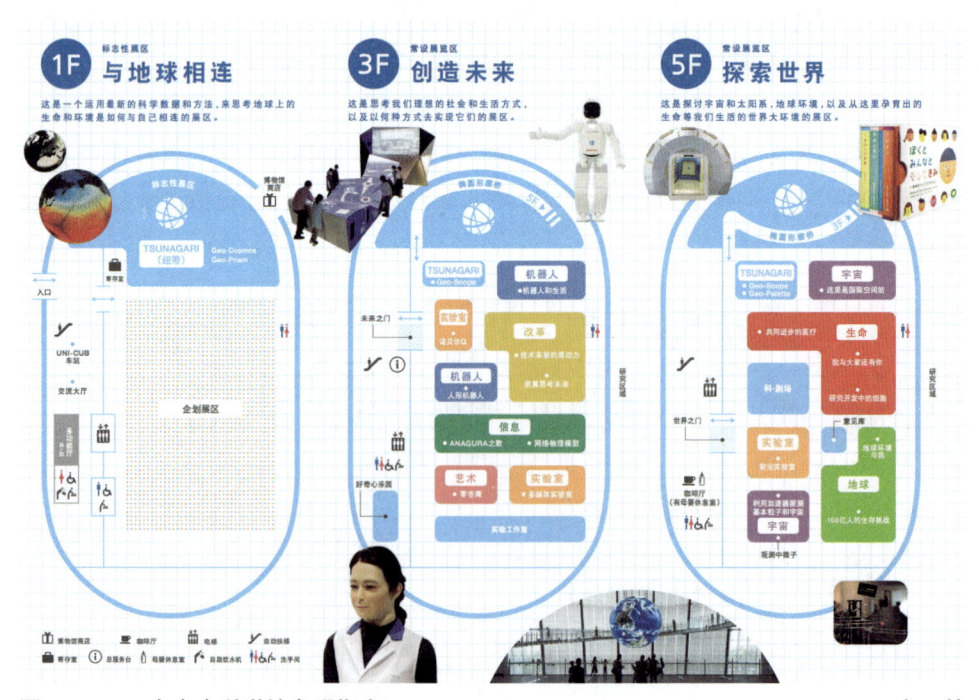

图3-24 日本未来科学馆参观指南　　　　　　　　　　　　　　　　　　　李 麓

如何合理地布局一个展览中的各个部分内容，如何恰到好处地引导人们参观展览空间这两点尤为重要。一个展览空间的平面布局和内容安排的合理性成为展示空间是否优秀的判定标准之一。参观流线通常具有明线和暗线，明线就是我们平常可以看到的时间线类型，或者顺时针方向类型的参观流线设计。暗线是指展示空间各个部分之间隐藏的引导信息，比如，设计者对展示内容的故事性、节奏性的掌控。设计师应当根据不同性质展览的内容和不同的展示空间设计不同的参观流线，规划不同的展示空间。

二、设计理念与创意草图

草图是设计者创作灵感的记录形式，也是设计师艺术思维转换为视觉造型和艺术形象的记录形式。设计草图也是最快捷的记录创作想法的方式之一，是完成设计作品不可缺少的重要阶段。设计草图一般都是设计速写的形式，这就要求展示创意设计师首先具备良好的速写基础，速写基础好，草图就会画得很快，透视关系准确，构图合理，比例适当。见（图3-25），国家某部委大楼的公共空间创意的设计师速写草图（图3-25），用笔较为洗练，透视也比较准确，有一定的民族风格追求，是一张比较好的设计速写。

图3-25 某公共空间的速写草图　　　　　　　　　　　　　　　　　吴诗中

设计师具备良好的速写基础以后，更重要的是创意思维的能力，只有具备良好的创意思维能力才能够设计出好的布展创意方案。展示创意设计师还要考虑科学性、时代性的因素。科学技术的发展实在太快，能够用于展览布展的技术不少，一个设计艺术学背景的创意设计师必定缺乏理工科知识，他虽然不能熟练地运用当前的高新技术，但是至少应该知道高新技术有什么优势，高新技术在展览中有什么作用，知道如何去运用当前的高新技术去取得良好的展示效果。

三、3D 建模与渲染

3D 建模与渲染是在设计创意草图完成以后，设计工作重点转向电脑操作环节，这也是设计师设计工作的重要一环。3D 模型的建立与模型比例关系的推敲，是完成前一阶段创意成果的重要过程，关系到设计师的设计观念与设计效果的表达。3D 模型经过简单的渲染就可以看出雏形，从简单的雏形可以想象未来的设计效果，设计师在这一步可以进行再次的设计思考，是否符合设计效果的约定，是否有效地传达了关键的设计思想。所以 3D 建模工作是设计工作中的一个重要环节，不容忽视。设计工作对 3D 建模与渲染的工具是不做规定与限制的，现在，可供 3D 建模的电脑软件和可供渲染的软件程序越来越多，各种软件制作出来的设计效果有各自的侧重，可多样选择，有的电脑程序适合建筑外观表现，有的电脑程序适合表现室内装饰效果，有的电脑程序适合特殊的布展需要的叙事景观表达，有的电脑程序适合建筑夜景。选择哪一种软件程序应该根据设计内容的需要，和设计师使用电脑软件的习惯来定。

从最开始的手绘效果图发展到今天的电脑制图，设计师们传达设计想法和表现效果的手段越来越多样，可以走的路越来越多。不管有多少种设计表达形式，多少种电脑设计程序，总的来说，设计思想、设计创意、设计主题是核心，电脑制作是手段，将设计思想传递出来是最终目的，这是设计师在这个环节中应当遵循的宗旨。

四、CAD 制图

通常，在展览展示工程项目的施工中，需要用 CAD 绘图软件进行工程图设计，CAD 绘图完成后需要根据不同的要求将设计出来的 CAD 图经过图纸审核、签字、再打印、晒图、装订成工程蓝图，再交付施工。CAD 工程图纸对于展览工程的完善有决定性意义，CAD 图是一种设计语言，即使设计师不在现场，施工人员能够看懂图纸，明白设计师的意图，明白使用的材料、明白形体结构、明白施工工艺。从这个意义上来说，CAD 图也是设计者与方案实施者之间最好的沟通桥梁。CAD 图的工作任务主要有以下几个方面：①平面图；②天花图；③立面图；④剖面图；⑤结点大样图；⑥设计说明。

平面图是画 CAD 图中修改最频繁的一个环节，在创意草图阶段和效果图阶段都已经有了平面图，但是并不具体，CAD 阶段的平面图要求较为细致准确，为了满足布展内容的要求，对平面图中内容布局的推敲较为严谨，必须要经过多次的调整。平面布局完成以后还要衍生出参观流线图、平面放线图、地面铺装图，索引符号图、电气照明平面图等。

与平面图垂直对应可以画出天花平面图，天花平面图一方面是考虑天花造型，另一方面是考虑灯具布置。当然，天花平面图上的材料设计和吊顶工艺也是较为重要的。天花平面图的剖切面和节点大样图是很多的，CAD 施工图的设计师尤其要注重。此外、一个科技类展馆或者博物馆空间的灯具照明设计是通过天花平面图表现出来的，弱电的点位图也是需要在 CAD 平面图上标注出来。

平面图和天花图完成以后，工作量较大的是画立面图。立面图上除了要注明面层材料还要以剖面的方式画出底层材料，并说明做法，说明面层材料的颜色和肌理。布展的立面图很重要的一点在于要根据彩色立面图画出 CAD 立面，规定图片、文字，还要规定一级标题、二级标题、灯箱、绘画、壁饰景观、壁龛、多媒体视频的位置等，还需要通过剖面说明立面展墙的凹凸关系。尤其是当前新出现的壁饰景观展墙，细节很多，凹凸变化丰富，造型比较特殊、复杂，立面图上需要交代清楚，实在没法交代的可以提供照片作为辅助参考。平面图、天花平面图、立面图完成以后相当于完成了扩初图，接下来的重点是结点大样图。

CAD 图的关键之一是画节点大样图，在科技展馆布展设计创意方案和创意效果图中，仅仅只有一个大的空间关系，没有细节、没有材料、没有做法、没有剖面关系、没有层次关系，没有材料说明，不能实施。而细节的表现和施工工艺说明要靠施工节点大样图。大样图将前阶段效果图表面看不见的难点、重点进行详细的放大、剖切、分析、说明层次、标明材料、标明做法和工艺，让施工单位的施工人员非常明确他们应该做什么，应该如何去做。

CAD 施工图还有一项重要内容是强弱电施工图，强电施工图的要求和标准多少年来一直未有大的变化，比较容易理解。弱电施工图就有一定的难度，尤其是当下处于信息变化特别迅猛的年代，几乎每天都有新发现、新技术出现，弱电施工图对多媒体硬件的选择，多媒体硬件的安装，对多媒体技术的运用，都要有详细的说明，并要特别注意避免弱点系统的设计在短时间内被淘汰。

五、设计工作节点

设计工作节点是控制整个设计流程的重要内容。设计师在完成项目的同时，同时也应当具备设计管理的理念，控制项目的节点与时间，以保障项目在规定时间内有序有条理地完成。

项目节点有多种设计方式。核心的设计方式大概有以下几个节点。

（1）项目前期调研与分析；

（2）项目策划、布展大纲（此过程是设计最重要的一环，需要甲、乙方多次协调与沟通，以争取最高的性价比）；

（3）设计理念与设计草稿；

（4）设计效果图、轴测图（这一环节也很重要）；

（5）CAD 施工图及电气施工图、上下水系统图、空调系统图和散流器平面图；

（6）设计工程实施过程中的技术服务；

（7）配合工程验收、结算。

这是一般情况下设计师的工作节点之一，有些设计师有自己独特的工作流程，但是大致方向是不会改变的，根据项目的具体情况，分配设计和工程实施的时间。在项目策划和布展大纲阶段，虽然不是具体的设计工作，但是作为一个主案设计师，应该积极配合文字工作的人进行策划工作。不要只是埋头做设计，只有从文字内容阶段就开始跟进，才能设计好这个项目，才能成为一个好的项目设计管理者。

第三节　科技展览的视觉传达设计

一、字体设计应用

文字设计作为视觉传达设计中重要的组成部分，有重要的意义。不同的中文的字体有自身独特的气质与文化内涵。在展示设计当中，正确的选择字体并且应用于展示设计让整个展览的效果得到良好的体现。相反，如果在科技展馆的展示空间中运用了不恰当的字体会与整体空间格格不入。

（一）文字与字体

文字的起源最早可以追溯到几千年前的象形文字。象形文字是人类发展史上发现的第一种表意文字。如在公元前 3000 年左右美索不达米亚的美苏尔人创造的楔形文字，这是已知的世界上最古老的象形文字。古埃及人又创造了圣书字，古埃及人认为文字是神圣的，文字书写在祭礼器物上，也雕刻在神庙的墙壁上，所以称为圣书字。楔形文字和圣书字都是世界上最早的文字，应用于记录古时候人们的生活与重要事件，古文字的产生为后世文字的发展奠定了基础。

中国的汉字是世界上最古老的文字之一，中文文字的发展历史源远流长，从古老的岩画到甲骨文字，再到宋代木板雕刻的字体——宋体，中国文字的象形特征和表意特征一直都在延续，延续了中国文字文化的精髓，有优秀的字体设计艺术家对中国传统文字的形、意正在进行研究，清华美院陈楠教授的甲骨文字字体装置艺术研究成果的展览效果（图 3-26），陈楠教授致力于汉字格律研究，从古汉字的规律中研究东方的设计哲学思想，在众多的汉字中梳理出古汉字的规律，总结出汉字间架结构九十二法，提出了甲骨文、金文、民间花鸟字和现代设计、图形设计中的创意文字之间的联系和字体变化的规律。从陈楠教授的字体创意研究中可以看出，甲骨文立体装置在承载古文字内涵的同时也

图 3-26　甲骨文立体装置　　　　　　　　　　　　　　　　　　　　　　　摄影：陈　楠

具有文字外在的形式的特征。

　　中国汉字字体体现了文字的风格，也是文字给人们最直观的印象。其中，字体设计是文字的基础上进行创作，是视觉传达设计中的重要组成部分，在国内外的众多展示设计当中占据着十分重要的地位。通常，人们对于字体设计在展览布展和公共空间的装饰设计中的应用和理解是字体的历史文化特点和字体本身的形态变化。北京师范大学教学主楼共享中庭中的4根大柱子上的装饰设计（图3-27），设计师选择了我国少数民族有

图 3-27　少数民族文字　　　　摄影：郎　丽

代表性的几种文字中的吉祥词汇进行字体设计，设计后的字体既有民族性、又有装饰性，并在字体的底色上衬托水纹，以表示中国文字、中国文化的源远流长之意，在这个少数民族字体设计中，不论是字体的内在含义还是字体的外在形式都是比较完美的。

而在当代字体设计上，除了本身的形态变化与特征之外，还有与外界或者环境的沟通性值得研究，展示设计涵盖了不同的行业与目的需求，字体设计如何与周边的环境产生关联并且准确无误地表达诉求是目前展示设计中所需要的。视觉传达设计不仅仅是要满足设计师本身和相关行业人们的需求，而更多的，应该考虑到其作为展示设计中的重要环节，如何更好地向不同年龄、不同地域、不同职业、不同学科背景的观众有效地传递信息，字体设计师应该知道如何为大众设计，如何更好地为传播科学知识而设计。

（二）字意

"字意"这个词语并不常见，通常我们把它的含义称作为"字义"。顾名思义，通常指的是文字的意义，也是一个并列式的符合词语。文字除了广义的传播与记录功能之外，本身也具有不同意义。表意性一直是我国汉字的基本特征，汉字发展经过了几千年，文字的意义也在不停的改变，特别是新中国成立以来进行汉字改革，字形的不断简化与更新对字意也产生了较大的影响。在信息时代，出现一些新的词语，有网络用语，有行业词语，有专业术语，这些词语的出现也引起了汉字字义的变化。另外，形声字是汉字的另一特征，从小篆的产生到现代文字，形声字从 87% 达到了 90% 左右。

简言之，形声字作为汉字的主要部分，是汉字表意性特征最主要承载者。所以字意在多种信息传递当中的作用不可忽视。

二、图形设计

图形设计，顾名思义，通过图形作为主要的媒介传递信息，图形的产生最早可以追溯到公元前 8 世纪，人们用石器工具和矿物颜料在山岩、洞穴进行记录，在人类尚未创造文字的漫长岁月中，就运用手绘图形进行事件记录、表达思想与信息传播。"图形设计是一种直观的视觉语言，它突破了文字语言的地域性局限，拥有不同文化程度、知识水平、民族差异与心理认知等更广泛的受众群体，是现代信息传播的重要手段。因为，在进入所谓"读图时代"的今天，"科技的革新与生活的忙碌使人们更容易接受图形语言带来的视觉快感，它可以激发人们潜在的求知欲，并活跃人们麻木的思维"。[①]清华大学美术学院 2017 届科普硕士毕业展作品，由陈磊教授指导的研究生白晓双设计的科普作品《闻闻科学》（图 3-28），该设计关注嗅觉在人体中的传导路径，探究如何将嗅觉知识更有效地普及给大众，利用图形设计的视觉冲击力，增强了嗅觉知识科普过程中的趣味性和体验感，通过图形设计成功地实现了科普知识的传播。图形也是一种能够比拟语言和文字的通用语言，图形可以被划分为抽象图形和具象图形。在全球范围，在日常生活当中，图形渗入我们生活的方方面面，比如，人们喜欢用不同的图形对不同的人和不同的事物进行描绘，也会用各种各样的有象征意义的图形来表达自己的想法。

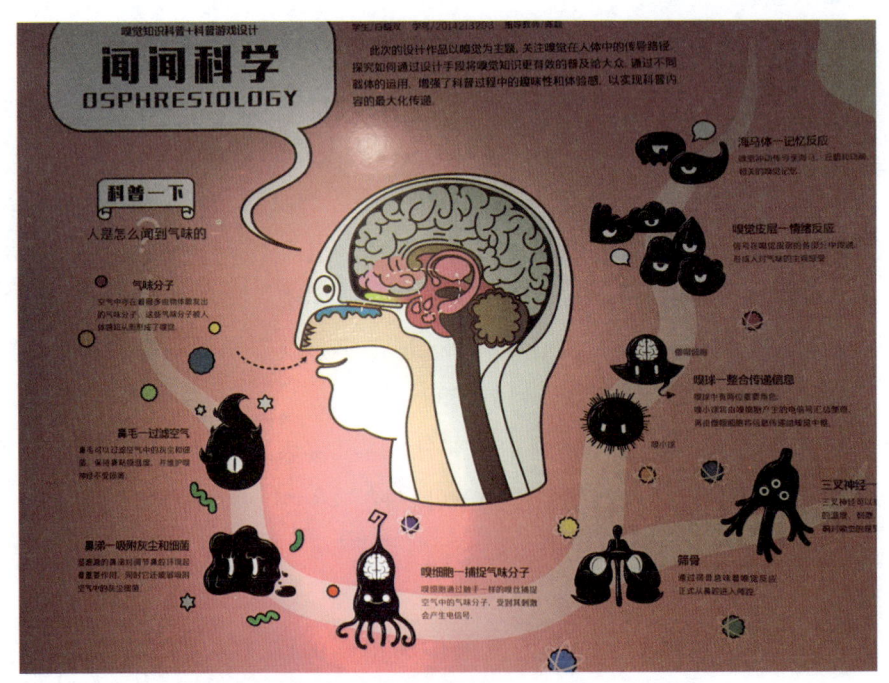

图 3-28　清华大学美术学院 2017 届科普硕士毕业展作品《闻闻科学》

摄影：白晓双

---

① 吴诗中. 展示陈列艺术设计［M］. 北京：高等教育出版社，2012.

举个简单的例子，最基础的图形是方形、圆形和三角形。这三个图形有这不同的特征，也在信息传递和视觉传达设计中担任不同的身份。方形是同样长度的两条横线和同样长度的两条垂直线的交接。这是一个值得信任的形状，通常代表着秩序、理解和正式，但是会给人们呆板的感觉，不容易产生活力。圆形是以一个以不变的距离绕着一个定点运动的轨迹，圆形代表着圆满、完整，圆形是一个令人充满遐想的图形，让人们联想到无限团结、和谐、诚信、循环，等等。三角形代表着稳定，但是当三角形的角度发生改变的时候又可以显现出紧张、冲突、矛盾的感觉。不同的图形有不同的张力、无限的力量和可塑性，在展示设计中，合理地运用图形设计是最基本的需求。

（一）图片

图片的概念较为广义，在展示设计中，图片包含表现展示内容照片、照片的解释说明、展示内容数据图表、说明科学原理、历史事件等展示内容相关的插图等。这些图片中尤其以表现主要内容的照片尤为重要，在博物馆、科技馆展览展示设计当中，不同的类型的图片起到了不同的作用。图片是目前人们所能见到的最为有效的信息传播方式。现在，我们的生活被日趋图像化的信息潮充斥着，环顾四周，不难发现图片、影像等几乎出现在了我们生活的每个地方，在很多场合，图片甚至代替了文字的作用。香港科学馆生物多样性展厅的图形界面设计（图3-29），这个供观众点击操作的图形界面除了大标题文字外，说明文字很少，靠图片来说明科学馆展览的意义。

博物馆、科技馆展览的展示内容以图版的形式通常出现在展板、展墙、展柜或者介绍视频中，是最常见、最直观的一种展示方式，观众可以观看获取展示所传递的信息。解释说明图是展示设计必不可少的部分，因为其充当了答疑解惑的辅助说明角色，解释说明图的形式多种多样，可以增加观者对于展示内容的认知度，也是最简直观的方法。

（二）图表

当前，正处在一个信息高速发展的时代，每天有大量的信息进入人们视野当中，社会正在逐步走向信息可视化的"读图时代"。因为人们想要在较短的

科技展览策划与设计

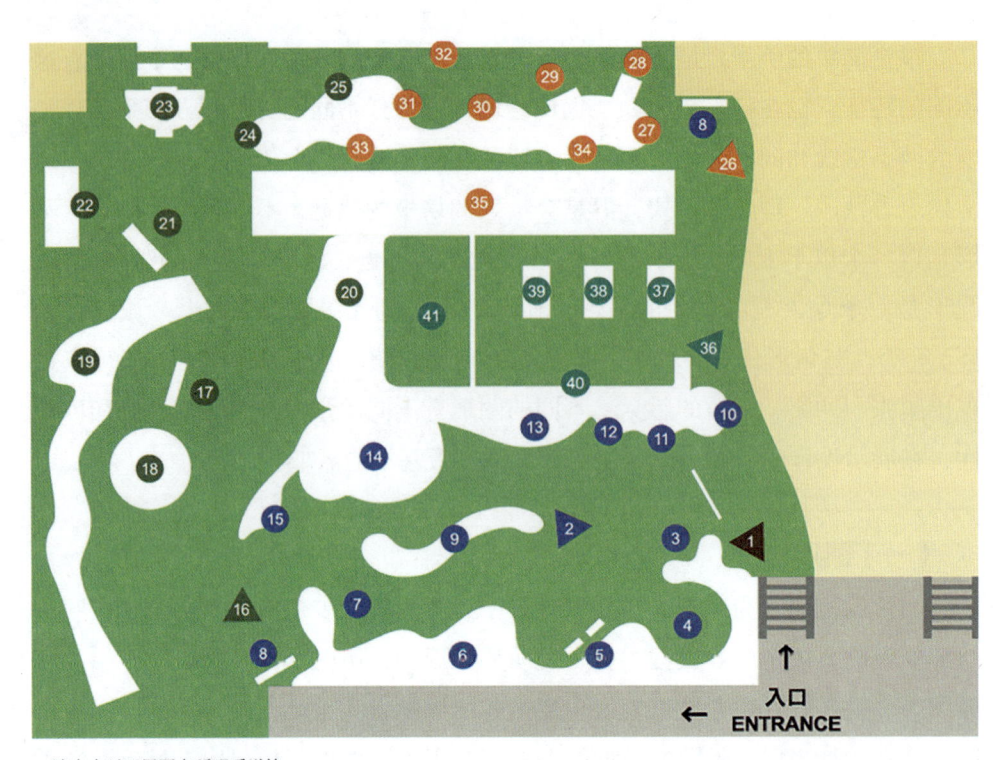

请点击以下展区名称观看详情：

1. 生物多样性

2. **本地生物多样性**	16. **世界生物多样性**	26. **时光变迁**	36. **自然实验室**
3. 回声定位	17. 适者生存	27. 生物密码	37. 水中生命
4. 昆虫放大镜	18. 聆听大自然	28. DNA狂舞派	38. 微观世界
5. 蝴蝶画室	19. 森林小径	29. 动物基因组	39. 蝴蝶翅膀
6. 香港林地	20. 非洲草原	30. 远房亲戚？	40. 自然瑰宝
7. 岛屿规划	21. 动物之最	31. 演化进程—物竞天择	41. 预备室
8. 探索自然小测试	22. 中国的生物多样性	32. 演化时间廊	
9. 香港的天籁	23. 海洋潜航	33. 肢体的演化	
10. 捕鱼攻略	24. 转动生机	34. 生命中的结构方块	
11. 海洋生境	25. 物种的灭绝	35. 地球大事年记	
12. 海豚及鼠海豚骨骼			
13. 绿海龟产卵地			
14. 红树的根部			
15. 淡水生境			

图 3-29　香港科学馆生物多样性展厅的图形界面（截图）

时间内获取到大量的信息，所以图形化、符号化、信息化的图表就成为了一个非常重要的发展趋势。好的图表设计就是运用简洁的视觉语言，快速、清晰、高效地传达出重要的信息内容。要追求图表信息的传递快速、清晰、高效，最好的办法就是利用目前的多媒体技术、交互设计技术进行设计，设计出立体的、动态的交互的图表，这种动态的信息图表内容容量大，操作方便，动态信息图表是以立体形态、展示内容图形，以及声音、文字信息诸多方面因素进行整合设计的。交互式动态信息图表（图3-30）是展览设计师姜昊生为我国西部某煤化工科技博物馆设计的交互式动态信息图表，通过简单的动态信息图表显示表现了煤转化成油的过程，观众在图表前动手点击立体的触摸键，一步一步往下继续就能获得大量的煤化工科技知识。这虽然是一个设计方案，但是这个信息图表很细、很具体，已经具备了可操作的因素。

图 3-30　交互式动态信息图表　　　　　　　　　　　　　摄影：姜昊生

（三）插画

插画又叫插图，是展示内容中尤为重要的一部分。在大多数展览展示设计中，插画作为一种艺术形式，目前已经普遍用于设计领域的各个方面，成为当代视觉传达艺术发展的一个重要部分。插画艺术也常常被应用于书籍设计中，随着时间的发展，其富有艺术化的表现形式显示出更加广阔的生存空间。在现代展示设计领域当中,插画以其丰富的内容性和故事性吸引着观看者的眼光,影响着观众的审美、认知方式。插画作为视觉传达设计当中的一分子,在展示设计与视觉艺术相互依赖和彼此渗透的过程当中承担着重要的作用。上海自然科学博物馆"千足百喙"展区的插图运用状况(图3-31),设计师将飞禽中的"斑嘴鹈鹕"和"优质天鹅"等一系列鸟的喙标本在特殊的陈列台上展出,再将"斑嘴鹈鹕"和"优质天鹅"的完整形象以黑白插图画的绘画形式表现在陈列台前面的横向展示版面上,让观众既能看到喙的局部形象,又能了解喙的功能意义,还有飞禽的整体外形信息。

图3-31 上海自然博物馆"千足百喙"展区插图

摄影:吴诗中

三、版式设计

"版式设计是展示陈列中视觉信息传播的一种媒介形式,在展览和博物馆陈列中,依据展示设计的策划文案、陈列大纲、陈列内容的要求,结合空间造型布局,综合考虑展品陈列,声光电表现方案,进行设计。"[1] 版式设计也是当代设计艺术的重要组成部分,版式设计不仅是一种规范,同时也是规范与艺术

---

[1] 吴诗中. 展示陈列艺术设计[M]. 北京:高等教育出版社,2012.

的高度统一，随着社会的发展，版式设计的概念、版式设计的表现形式也在发生着巨大的变化。我国的版式设计的起源可以追溯到古时候的版面设计，版面设计最早是应用于印刷，将需要印刷的内容雕刻在版面上。西方版式设计发展之初可以追溯到两河流域的楔形文字版式，其用古老的木棒、芦苇秆为笔写在泥板上。版式编排设计是展示设计当中不可或缺的部分，文字与图片如何更好地排列、整合是尤为重要的。

随着现代科学技术的发展，承载信息的载体和工具不断的进步，版式编排设计的意义和形式不断拓展，尤其是到了工业革命时期，"包豪斯"的领袖人物威廉·莫里斯开始倡导生活与艺术相融合的"版式设计之美"的设计原则。此后的版式设计经过了新艺术运动崇尚自然法则的洗礼，发展到了能够展现人类内心情感的表现主义版式设计，再到机械动力主义和速度感的意大利未来派版式设计，以及后来强调编辑、排版理性化、规范化的包豪斯现代主义设计风格，从20世纪60年代开始，以最具创造性的视觉语言关注现实生活，现代的版式设计作为当代设计的一种成熟的样式，成为世界性视觉传达中的公共设计语言。

（一）版式设计要点

版式设计的要点是版式设计中的关键，把握住了关键所在，版式设计也就不会出大的差错，版式设计的要点首先是主题鲜明，内容准确，其次是版式设计遵循版式设计的形式法则，注重趣味和韵律。

1. 主题鲜明、内容准确

版式设计有几大要点，首先是主题鲜明，内容准确。读者或者观众需要在短时间内获取到有效信息，清华大学美术学院2018届科普硕士毕业作品展中应届毕业研究生设计的探索黄河流域——中国河流自然地理知识科普展示形式设计研究的版式设计（图3-32）。可以看出，在这个版式设计中，图形和文字的信息比较准确完整，黄河流域自然地理的主题思想比较明确，以较为抽象的装饰绘画的形式表现黄河流域自然地理的山水特色。版式色彩统一，文字和图片之间的关系也是根据内容需要经过认真考虑的，需要突出的黄河流域著名的山川形象经过作者绘制的形象内容已经遵循版式设计的基本法则进行编排。简

图 3-32　清华大学美术学院 2018 届科普硕士毕业展探索黄河流域科普形式版面设计　　摄影：李 麓

洁的设计、明确的形象使读者或者观众在一瞬间就能获得版式所要表现的主题意义。

版式设计的内容和主题都离不开文字，文字是语言的视觉形式，在版式设计中，文字包括标题、副标题、介绍说明等，文字也是版面信息的一种元素，在很多时候，文字能准确地传递图形所不能表述的信息，从而来准确地传达版面的思想内容。文字作为视觉传达设计中的重要组成部分，不但极大地丰富了版式设计的内容，其多样化的个性表现形式也扩充了设计的语言，并且在传达信息的同时，传递视觉传达设计的不同的特质。图片的排版要与文字的排版相得益彰，相互呼应。

2. 版式设计形式法则与趣味韵律

排版设计中的形式法则可以称得上是千变万化，其中对称与均衡是最为基础的，其特征会使版式在视觉上出现一种静止、稳定的状态，对称是等形同量的平衡，对称包括左右对称、放射对称和反转对称等多种形式，目的在于追求版面的规范、稳定、整齐、和谐。传统的版式设计以等形等量、给人一种古板、规矩的感觉；而现代版式设计在遵循排版设计法则的同时，追求灵活多变的对称形式，最常见的是在对称的格局中追求小局部变化，在小对称中寻求不对称的变化。均衡是设计者对版面等量不等形的调整与合理安排，设计者的目的在于保持版面重心稳定；均衡的版面设计是充满变化，并且能够达到和谐，其特征表现在动中有静、静中有动的特色魅力。

除此之外，对比也是版面设计中的重要规则，旨在将相同或者不同的视觉元素进行比对，产生大小、长短、明暗、黑白、疏密、远近和虚实的对比关系，利用这些对比关系，从而达到一种强烈视觉效果，令观者印象深刻。在同一版面，文字与文字、文字与图形、图形与图形之间需要产生对比关系，它们相互支撑、相互影响构成了视觉效果，反之，没有对比版面也就缺乏节奏，不明主次，逻辑混乱。歌德曾经说过："美丽属于韵律"。最初节奏和韵律产生都是来自音乐的概念。现代设计中，节奏和韵律也被应用于版式设计当中。版式设计中的节奏体现是在于不断重复中产生频率的变化，是按一定的条理和秩序重复排列形成的一种律动形式，按大小、长短、明暗、黑白、轻重、疏密、远近和虚实排列构成。脉搏的跳动、音乐旋律的高低起伏、生活中的不同声音都具有自己独特的节奏，根据不同的内容，版式设计也应当根据不同的特征进行布局。通过节奏的变化而产生形式美，是版面中的文字、图形、色彩相遇过程中碰撞出的火花，增强了版面的感染力，使版面更加具有情调、更加具有层次，更加能够表达思想，更富艺术形式表现力。

（二）版式设计的方法

1. 常规版式设计

在展览展示的版面设计当中，一般来说，采用常规的版式设计方法较多，常规的版式设计也是图文说明式的版式。2018届清华大学美术学院硕士研究生毕业设计作品《烟淹亿吸——控烟科普展》的版式设计（图3-33）设计简洁大方，文字、图形的搭配相得益彰。这是目前在常规版式设计中比较常用的版式

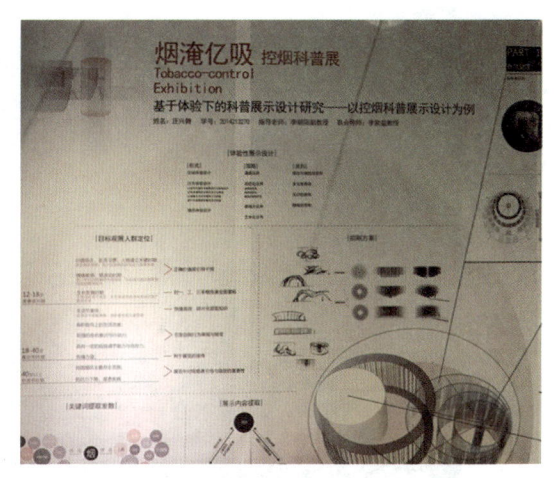

图 3-33 《烟淹亿吸——控烟科普展》版式设计

设计：庄兴舞

形式，也是出现频率比较高的版式设计，这个版式设计文字突出，主题鲜明，图形清楚，线、面和图形的综合运用也非常恰当。

版式设计切忌资料堆砌。版式与其所传达的内容相比不可本末倒置，不能够因为追求形式美感与特殊效果忽视了信息传递。现代社会中人们获取的信息量大，简明易读、易懂就显得尤为重要。不堆砌信息量、删繁就简、精炼图文是常规的图文说明式版式设计的特点。

说明式的版式设计包括以下几种，它们的表现方式是版式设计最基本的表现方式。

（1）标准式版式设计。标准式的版式设计，以常见的照片图版，配以文字来说明所要展现的内容主题。清华大学艺术博物馆基本陈列部分陶瓷展厅版式设计（图3-34）是最常见的比较简单而又较为规范的版面设计类型。这样的版面设计通常按照从上到下、从左往右的顺序排列图片、标题、文字、图形等展示信息。在"中国陶瓷发展简表"的二级标题后面，因为这是二级标题，所以标题文字并不太大，标题后面有一水平线和圆点组成的时间轴，在时间轴上布置各时期、各个窑址烧制的重点瓷器。设计师的想法是要重点突出需要展示的各个时期的陶瓷图片，当观众第一眼看到陶瓷器皿图片后，在视觉关系的引导下仔细观察和阅读说明陶瓷图片的文字或者研究信息。自上而下、从左往右符合人们认识事物的一般心理和思维逻辑顺序，能够产生良好的观展和阅读效果。

图3-34　清华大学艺术博物馆基本陈列陶瓷展厅版式设计　　摄影：韩坤炯

（2）指向式的说明版式。指向式版面设计具有一定的方向性，指引观众沿指引方向前行。香港科学馆生物多样性展厅指向性版式设计（图3-35）较为特殊的版面既有指示性又富有艺术性。这个版式的平面设计结构形态好似一颗横向生长的大树，从左往右延伸，脉络清晰，有树的主干、有主干上的主枝、有分枝，表现出生命在一直沿袭下去的意义。这个版式设计上有明显的标注性，这种标志性元素既可以是最基本的只是标志指向构成，也可以是动态的排版引导，有明显的指向作用。指示说明的排版通常是文字、图形和图片的结合。文字解读图片，解读图形，图形和图片说明文字，两者相互衬托、相互支撑、相互作用，缺一不可。

图 3-35　香港科学馆生物多样性展厅指向性版式设计　　　　　　　　　摄影：李　麓

（3）艺术化的版式设计。艺术化的版式编排设计方法较多，这里仅仅列举一种打破版式设计常规，摒弃了文字与图形搭配的一般性设计习惯，采用非一般的，几何图形叠加的、立体的、有声光电配合的非一般版式。上海自然科学博物馆飞禽鸟类部分的版式设计（图3-36）以几何圆形的图板凸出展板5厘米以上，每一个圆形图板上都有鸟的图形，并伴有鸟生活的环境图像，树、草、鸟窝等，阵列式排列的圆形图板有非常的视觉冲击力。当前，平面设计艺术的

图 3-36　上海自然科学博物馆飞禽鸟类版式设计　　　　　　　　　　　　　　　摄影：石　峥

不断创新，导致版面设计艺术新的思路、新的设计不断涌现。几年前，清华大学洪麦恩教授在博物馆布展实践中创意的壁饰景观式的版式设计集思想性、艺术性、可实施性于一体，这是一个大的设计方向。洪麦恩教授为红色题材纪念馆设计的内容版式（图 3-37）表现的是中国近代史上中国人民的"屈辱与苦难"部分的内容，将被八国联军烧毁的圆明园的残垣断壁以写实的景观雕塑表现出来，凸出于版面几十公分作为内容版式的背景，给观众带来瞬时心灵上的触动，留下很久的记忆，相信这一设计方法在不久的将来必将成为博物馆版式设计的一个正宗流派。

图 3-37　红色题材纪念馆设计的内容版式　　　　　　　　　　　　　　　　　摄影：洪麦恩

2. 非常规的版式设计

信息时代的展馆设计方法多样，版式设计的创新从平面到立体，从静态到动态，从常规到非常规，出现了数不胜数的设计新形式，在此，介绍两种非常规的版式。

（1）夸张式版式设计。夸张式版式设计主要体现在版面可视形象元素的对比和特殊表现上，可以夸张图形、可以夸张文字字体、可以夸张色彩、可以夸张体量、可以夸张对比关系。夸张式的版式设计运用中一般要注意主要视觉要素的比例大小，主要视觉要素一般要大于其他的要素。美国旧金山英特尔博物馆的夸张式的版式设计（图3-38）可以看到"intel"几个字母在版式中非常大、非常醒目，版面上除了有几行小字母说明外再没有其他的任何可视元素，第一眼看到这个夸张醒目的版式甚至会误以为"intel"是展览的大题目或者是前言。但是，在现代很多的版式设计中，有一些设计师反其道而行，将主要元素放置在特别小但却十分显眼的部位上，使其起到"小而不小"的主体要素的作用，在视觉上仍占主体的优势，这也是一种夸张的特殊形式。有时出于有特

图 3-38　美国旧金山英特尔博物馆版式设计　　　　　　　　　　　摄影：吴　桐

殊特征的元素可以采用拟人、非常规的表现手段，设计者可以根据手中的素材进行版面上的合理分配，突出版面的故事性和趣味性。

（2）空间化立体化信息化的版式设计。还有一种非常规的版式设计，是有立体空间关系的、信息化的、互动的设计形式，使得观众在参观中可以获得不一般的艺术感受，在版式形态变化丰富、有深度、广度、动态的综合版式设计效果的作用下，使观众在参观完展览以后能够记得这个展览。某石油科技博物馆信息油田地景展区版式设计效果（图3-39）中间的展示柱采用倒棱台弧形面透明的材料作为版式面层，面层上印刷数字信息图形，在信息技术的作用下展现出大量的可视信息。左面是与观众的视角成一定角度的立体的信息油田沙盘，沙盘斜上方是数字屏幕，播放与太空知识、地质知识、能源知识等与信息油田内容相应的视频。数字油田影院的黄色入口，在一片蓝色的色彩氛围中既有协调又有对比，显得格外有设计艺术感。相较于其他的版式编排，这个非常规化的立体的内容版式设计具有明显的视觉冲击力和吸引力，版面具有立体感、节奏感和艺术性，并且能够增加展示空间的数字科技感，增加画面的情趣感。非常规的夸张式的版式形式多样，造型奇特，多门多类，这里不一一赘述。

图3-39　某石油科技博物馆信息油田地景展区版式设计效果　　　摄影：朱　瑀

第四节 科技展馆标识导向系统

在城市的公共生活中，标识导向系统显得格外重要。

最开始，人们用文字书写，用文字注明信息。但是渐渐地，人类在传递信息的过程中发现：图像比文字更能引起人们的注意力，也能节约更多的阅读时间。图形"标识"开始替代文字来进行信息传达，哪怕是以文字作为标识形象的，也需要有设计师将文字进行视觉设计，成为文字图形，成为标识。位于美国旧金山的英特尔博物馆的馆外标识（图3-40），以"intel"英文字母作为标识的主要形象，但是"intel"这几个字母经过设计师的简单设计以后重新组合成了一个图形，产生了新的意义，它代表了一种新的精神，具有新的凝聚力。生活于计算机时代的人们不可能不知道"intel"，所以，设计师将这几个字母的意义发挥得淋漓尽致、简洁、大方富有时代性特色，人们看到它以后就会过目不忘。

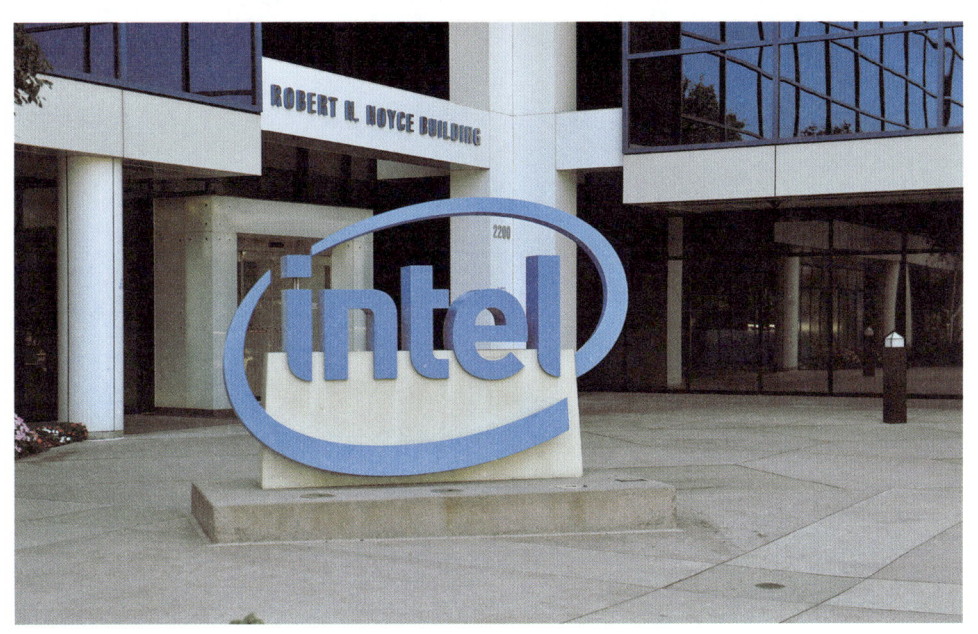

图 3-40 美国旧金山英特尔博物馆的馆外标识　　　　　　　　　　　摄影：吴　桐

标识是指任何带有被设计成文字或图形的视觉展示，用来传递信息或吸引注意力。而在这一阶段中，人们又发现了更多的问题。如何用标识准确表达信息，不造成信息的误读？这成为人们关心的重点。标识导向系统就此开始兴起。

标识导向系统这个观念由建筑师 Kevin Lynch 率先提出。在空间与信息环境中，以系统化设计为导向，综合解决信息传递、识别、辨别和形象传递等功能以帮助陌生访客能够在最快的时间获得所需要的信息的整体解决方案。标识导向系统由标识系统与导向系统构成，二者经常高度地融合在一起出现。

而展览中的标识导向系统则能帮助到访展馆的观众，理解展馆构造，用最优的路线和最短的时间获取所需要的信息，达到有效观展的目的。一个好的展览，并不仅仅在于展览内容的丰富与展览形式的华丽，也在于展览中所体现的人性化的关怀。

从展馆户外开始，我们将具体讨论展馆的城市导向标识设计，以及展馆外的环境导向设计。展馆的室内指引，我们将从展览的展厅结构、展览路线的引导、展览人流指引和展览的安全疏散以及展览的公共设施等各个方面去解说展馆的室内标识设计指引，从外到内，从大到小，这些都是展览标识设计的一环。

一、户外标识

展馆的户外标识系统包括两个部分：城市导向和展馆外环境导向。两者相辅相成，从展馆外围到展馆外侧，构成了展馆外标识。

（一）城市标识导向系统

城市导向系统广义上具有组织城市空间和人的行为、构成城市景观、改善交通状况、维持改善生态环境保护、提供场所、提供感受以及诱导城市交通网络有序延伸等多种功能；狭义上指在特定环境中，通过标识形成一套统一且连续的引导体系，或者形成一套相互协调的、系统而完整的说明体系，其目的在于解决人在空间中的迷失问题。

城市标识导向系统在展馆指示的主题下，则被限定为：在城市空间中，通过标识形成一套统一且连续的引导体系。其目的在于引导观众在城市空间中不至于迷失,能准确寻找到达展馆的道路。

展馆的城市标识导向系统地点设立在展馆之外,在水泥建筑林立的城市中,针对展馆的城市标识导向系统需要特别遵循以下几个原则。

1. 与环境和谐原则

科技展馆设计需要遵循与环境协调的原则,在展馆的标识设计上更应当考虑与城市的环境设计相和谐,与展馆及周边环境相和谐,与展馆的建筑元素和视觉关系相统一。一般来说,在一个城市的交通道路牌及标识设计上有具体要求,要求统一色彩、统一视觉元素,有的城市也要求统一建筑和环境的设计形式,其中标识也有要求,那么在展馆周边的道路系统和标识系统设计上就应当遵循与建筑协调、与环境协调的原则。位于北京的中关村国家自主创新展示中心展馆室内的展标(图 3-41)是 2015 年展示中心提升布展的设计方案,这个展标的形式设计、图形运用、色彩设计与展馆的建筑及建筑的内外环境都非常协调、统一。虽然展标是平面图形,由于经过了精心的设计,图形的立体效果很强,同时,这个展标所采用的材料也很环保、生态,容易实现。

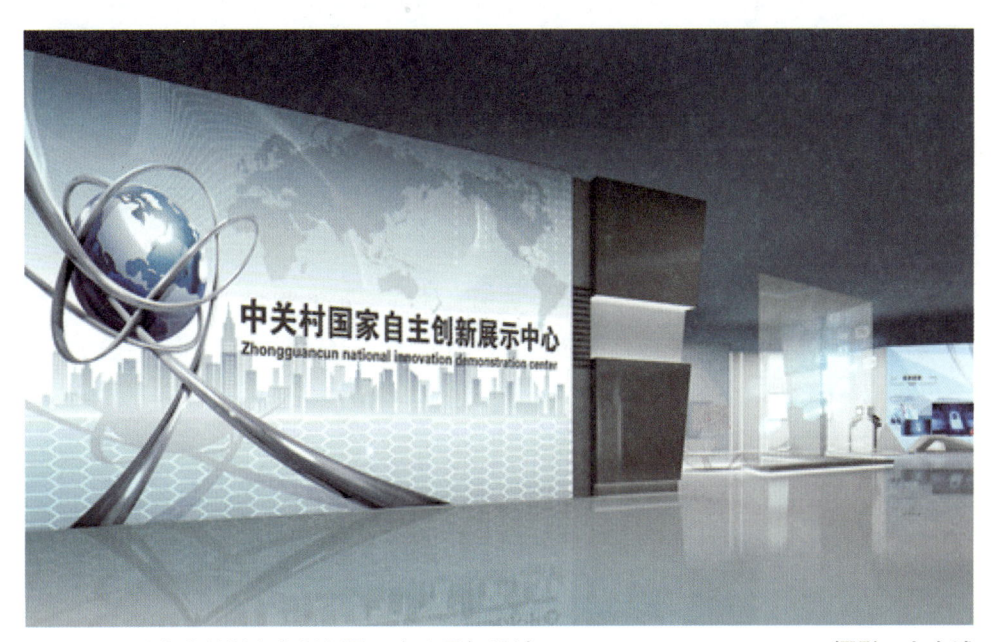

图 3-41　北京中关村自主创新展示中心展标设计　　　　　　　　　　摄影:金志城

展馆尤其是科技展馆作为整个城市公共系统中的一环，应当对社会、对城市、对展馆周边环境肩负一定的环境保护的责任。

2. 最优路线原则

城市户外标识导向系统的设计因该考虑连接展馆的最优路线，这条最优路线不仅是距离的最优，也有路线不复杂，容易辨识。比如位于北京西边某一个立交桥，它的交通标识设计指向不明，立交桥系统非常复杂，致使多数到过此地的行人和司机苦不堪言，经常在此走错，也因此成为笑柄。

展馆的城市标识导向系统设计的目的在于让观众在城市中不至于迷失，从标识所示位置能够选择最优路线、最快路线、最短路线到达展馆现场。

准确引导、及时提示和明确方向是这一原则一定要遵循的条例。

同时最优路线的选择也应当要确保安全性，注意标识导向系统的空间位置选择、色彩设计、视觉设计、触觉设计、肌理、材料等综合设计，同时要注意标识导向系统最优路线设计对城市空间带来的影响。

3. 系统性原则

标识设计上对外应当与城市整体的设计要求相协调，对内应当形成自有的系统。对内的自有系统要求是必须具有展馆的特色，和展馆的整体设计相协调。每一个展馆都有一个视觉系统设计，在强调智慧化博物馆的今天，视觉系统更为重要。有一段时间，设计师们把视觉系统设计称为 VI 设计，VI 设计是以标志形象为核心，延伸出一系列的平面应用设计，成为一个系列。现在，又有人提出了 IP 设计理念，其实仍然是视觉系统设计的衍生品或者是视觉系统的延伸设计。系统性设计要求标识系统在视觉设计上应当能够自成体系，标识导向系统有立体的，也有平面的，不管是立体的还是平面的，都要求能够互相呼应，风格统一、形式统一、色彩统一、材料统一、甚至标识导向系统的每一个组成单体的制作工艺都要求一致。

（二）城市户外标识导向系统设计步骤

在知晓以上系统性设计原则的基础上，城市标识导向系统设计可以采用以下步骤。

1. 明确设计目标追求地域特色

针对展馆的特色与城市的特点，展馆的城市标识导向设计需要在与城市环境和谐的基础上设计出具有城市的特色、具有展馆的特色的标识系统，让观众对展馆标识熟悉，辨识度高。在政策允许设置标识导向的范围内，设计上尽可能醒目，尽量的有视觉张力，有展馆特色。东京日本科学未来馆的馆外标识（图3-42），未来科学馆陈列的展品和科学研究内容是面向地球、面向宇宙、面向未来，探讨人和地球环境的和谐共生，所以这个标识具有展馆特色。

图3-42　东京日本科学未来馆馆外标识　　　　　　　　　　摄影：吴诗中

另外，展馆尽可能在标识系统设计上就抓住观众的视线，提升观众对展馆的兴趣，以便吸引观众前来展馆参观。中国科技传播中心的标识（图3-43）设计者是艺术大师韩美林先生，他用超乎人们想象的形态，设计出了充满宇宙、星云、未来、科技、虚实、互补等各种解读的丰富内涵，体现道家的哲学意义的图形，这个既是平面又似立体的标识图形能够引起大多数

图3-43　中国科技传播中心标识设计
设计：韩美林

观众的兴趣。这个设计形象别具一格，夺人眼球，即便是偶尔路过的人也会驻足不前瞩目科技传播中心的标识，从而激发人们的观展兴趣。这种以中华民族文化特色为设计元素的设计方法还大大提高了展馆的知名度。

2. 展馆基本情况调研

调研展馆的详细分布状况很有必要，现在有一些展馆存在着分馆零散，展馆占地面积大，展馆的展厅多等问题。经常在展馆的城市标识导向系统中给观众造成复杂、难以辨识、馆名混乱的影响。曾经有一个观众拿着一份展览的预告宣传资料去某一个馆观看展览，但是到达展馆后遍寻不见他想看的展览，询问之后才得知这个展览预告宣传资料是在另一个城市的同一名称展馆的一个分馆，并不在此地展出，令人哭笑不得。

对于这类展馆在展馆标识导向系统的定位上首先应当明确主馆和分馆，并在展馆的对外宣传中着重强调区分。主馆和分馆都在本地的展馆应当在展览宣传中标注展馆所在区域位置，切勿让观众产生混淆。

对小规模展馆的调研，同一地点的小规模展馆则可以联合其周边几个小规模展馆，进行联合宣传。打造博物馆文化区的概念。在城市标识导向系统设计上以文化区、文化创意园等形式出现。如北京的宋庄艺术区、北京798艺术区等。而博览会或者科技类的展览可以以会展宣传日或者科普宣传日的形式设计临时的标识导向系统。设计中要避免过于繁杂的城市标识导向设计使得观众视线混乱，或者造成在交通道路上的标识辨认时间过长，产生安全隐患。

调研展馆所处地域道路状况，也很有必要。在展馆标识导向系统设计中，道路也可以被称为"标识设计的生命经纬"。标识导向系统设计师首先应当最清楚展馆周围的道路环境，以及交通道路状况。是否存在单行线，无障碍设计是否到位等内容都是设计师应当调查研究的细节。

标识导向系统设计中应该关注地域可识别性标识，一个地域可识别性的标识将会成为指示系统设计中标志性的引导物。关于地域可识别性标识的调研应当围绕整个展馆周围空间形成特定区域群，能根据标志物位置之间的比对，确定展馆位置。展馆周边的地域空间，人们可以活动的空间区域，城市的功能区和城市的规划等，这些也是需要了解的信息。这些内容与参观展览的人流量和人流疏导有着密切的关系，甚至涉及展览的形式和风格。

3. 调研地域文化历史

文化历史是整个城市体系中重要的一环，重视城市历史并尊重城市历史。展馆标识导向设计中也需要注意地域文化历史的特征。城市的历史传说，城市的市花、市树、市徽等人文内容都是调查内容的一部分，调研中同时要注意地域人口状况。

4. 调研内容分析

展馆基本情况调研完毕后，标识导向系统设计需要进行调研资料和调研数据的内容分析，明确展馆外的具体标识导向系统的设计的需求，明确设计方案需要解决哪些问题。

地域坐标分析——分析展馆所处的地域位置，东南西北各个方位的坐标点。

地域环境分析——分析展馆周边的建筑、绿化、空地、和空间状况。

地域道路分析——分析展馆在城市中的所处的位置与道路、交通之间的关系。

人行流线分析——分析观众到达展馆以及在展馆中的行动路线和参观路线。

5. 标识导向系统规划

在户外标识导向系统的具体设计过程中，首先是进行系统规划，可以将标识导向的位置初步按"点线面"三种情况考虑，使得标识导向在城市区域的空间分布上构成一个标识导向系统的区域覆盖网络。这个网络包含城区道路、交通方式，甚至还可以有交通堵塞适时信息的智慧化标识系统。

点：点位规划，设定单体标识导向的位置。

线：道路规划，设定前往展馆的最优化道路，在道路上布点。

面：区域规划，考虑到标识导向系统将要覆盖的重点区域和非重点区域。

在展馆园区（也可能是展馆建筑）内的标识导向系统的具体规划过程中可以将标识导向系统的具体导向目标分为"A、B、C"三类，标识导向系统在展馆内区域的分布上构成一个全方位的区域覆盖。

A：观展区域标识导向指引；

B：办公区域标识指示规划；

C：生活区域和休闲区域标识导向指引规划。

（三）展馆外环境导向

展馆外的环境导向系统是展馆导向系统的皮肤。它决定了观众对于展馆的第一印象。展馆外的环境导向系统指的是：通过展馆外部的标识形成一套统一且连续的引导体系。其目的在于引导观众在进入展馆区域后不至于迷失，能准确寻找到达目标所在位置，能够很容易辨识展馆周边的道路与展馆园区内的道路，并能准确的找到与展馆展览业务相关的服务建筑。

观众在来展馆的时候通常都会选择周末来观展，由于周末人多拥挤、车多如潮，致使展馆外道路和建筑辨识不够准确，漏看、误看，标识导向系统不能充分发挥作用，给展馆的观展工作会造成如下几个问题。

①无法找到最优观展路线，浪费大量时间，观展时间不足。

②观众辨识和路线指引不准确，展馆服务设施不到位。

③观展人数过多，超过展馆的人流负荷，且零散人流多。

针对以上几个方面可能会出现的问题，在观众来展馆参观时，展馆外标识设计应当有针对性地设计，从而解决上述这些问题。

（1）设计展馆的最佳观展路线，通过多种形式有效传达给观众。如门票、立牌、广播等形式。并在展览繁忙时间增加人流引导人员，确保观众的有序入场，从最优路线的入口统一进入，沿着指引路线，顺序观展。

在可能的情况下，增加展馆志愿者做人工指引的工作，作为标识指引系统的辅助指引力量。

（2）在展馆布展和室内装修设计时就应将展览的服务设施安置在最优路线的必经路线上。展馆内的服务设施标识指示应当做到"精确"和"有效"，不使用辨识度较低观众不理解的怪异图形指示，尽量使用国际统一的指示标识，确保观众能准确辨认，及时解决服务问题。在标识导向系统设计上还要注意无障碍设计，增设人工服务人员、无障碍购票窗口以及盲文、盲道的指引和无障碍坡道。

（3）标识系统上注意人流指引，遵循"集中"与"分散"原则，"集中"观众人流，不浪费观展时间，设计精品展馆参观路线，"分散"观众注意力。在参观人流路线设计上注意适当分叉，避免主道人流拥挤推搡等问题。注意在人流拥挤情况下标识人流的分流与标识等待线、等待区、休息区等区域。

从以上展馆外标识设计处理方式中，我们可以了解到展馆外的环境导向就内容上包括了以下内容。

1. 展馆参观路线指引

展馆的各建筑之间的联系与功能标识导向设计，某些展馆占地面积较大，会出现主馆与分馆，甚至是功能馆的情况。展馆外部标识导向系统设计的主要内容就是围绕这一点展开。设计师需要注意各分馆之间的展览关系，将其设计成多种观展方案的指引。一馆观展和全馆观展以及组合观展路线。各个展馆之间需要做出明确的标识，确认展览功能规划，确保观众不至于迷失道路。

展馆常设展览的进入路线和最佳观展路线设计，展馆的展览形式通常分为两类：常设展览和特殊展览。常设展览的观展标识将会长时间设立在展馆中。如果是展馆外部的标识指引设计，常设展览的标识指引需要注意以下几点。

展览标识需要经久耐用，防避风雨侵袭展览标识，且标识需要注意安全性，以免给观众造成安全隐患。无障碍的常设引导也应当加入展览标识设计中。

展览路线要简单易记，展览位于展馆主干道路线上，不将展览入口设置在偏门位置。常设展厅标识醒目，可以充分引起观众的注意。

展馆本次特殊展览的进入路线和最佳观展路线设计，当展馆开设特殊展览的时候，可能将会迎接大量针对特殊展览而来的观众。此时应当在标识上设计两条路线。

（1）常设展+特殊展路线。这条路线一方面为常来的观众服务，另一方面是针对第一次来展馆的观众服务，在常设展路线指引的基础上，增加既能够到达常设展也能够到达特殊展的在大部分路程上共享的共同路线指引。

（2）特殊展路线。这条路线主要是针对特殊展览而设计，这个展览很容易吸引第一次来参观的观众，观众人数多、人流量大，观展路线的设计中应该尽量减少观展时间，还应该针对特殊展览开设专门的观展通道。

2. 展馆服务设施指引

一个展馆的展览服务设施的指引可以最大限度地优化观众的观展路线，为观众提供了很大的方便。同时，简洁、明确的路线指引也可以减少展馆工作人员的工作负担。展馆服务设施指引一般来说有如下的指引目标。

展馆售票处；

展馆外部无障碍通道、优先通道；

展馆存包处；

展馆文创纪念品商店；

冷饮、热饮部；

展馆外部卫生间；

停车场……

3. 展馆外人流指引

在展馆外标识导向系统中设置展馆的人流主线与人流分支标识，要注重人性化的设计、为观众所想，观众流线的标注要注意以下几点。

不重复观展；观展路线不交叉；设置休息区；展馆人流的分流等待区域标记。

观展人流在过于拥挤的时候应当在展馆外部设计人流分流区域，同时也应当及时标明观众从队尾开始到进入展厅的等待时长，尽可能照顾观众的参观情绪。

设计者也应当尽量避免观众在烈日、低温、大雨、冻雨等恶劣环境下进行等待，分流的等待区内应当考虑遮阳挡雨等人性化设计内容。

二、展馆室内指引

任何一个展馆所有的展览内容都依托于展厅平面结构。展馆室内标识导向指引必须以最简易的说明图形的形式向观众描述展厅的平面结构，并在此基础上增添指引路线引导、人流指引指示、安全疏散指示和公共设施标识等内容，这些就构成了展馆的室内标识导向指示系统。

（一）展馆展厅平面结构

展馆的展厅平面结构相当于展馆指示系统的骨骼。

展馆的展厅平面结构决定了后续的展览路线和参观展览的人流等内容，指示系统的设计需要优先精准测量和考虑展厅结构，做出精确的绘制与引导图。

传统的展厅平面结构引导方式是通过纸面印刷和硬标牌指引形式进行引导。

纸面印刷一般是指印刷的展厅平面结构的地图或者小手册等，这种标识形式不会给观众显示观众的所在位置，需要观众花费时间读懂地图，才能确定位置。

标牌指引一般展示给观众现在所处的位置和展厅平面结构，以标志物和文字进行辅助描述。让观众通过所处位置与展厅结构进行比对，以确定所在位置。

全新的展厅平面结构引导方式有以下几种。

1. 数字导览

数字导览系统是通过数字的交互展示平台，利用数字技术更多互动性，快捷、方便地向观众全面展示展厅的平面结构。也可通过二维码的扫描等形式，可以在各个展厅随时确认自己的所在位置。全新的数字导览形式提升和丰富了展馆参观指示系统，也使得标识指示系统更加明确。还可以通过 AR 的形式，借助智能手机屏幕展开 AR 的数字导览指引。在手机上就可以知道自己在哪儿，要去哪儿，要去的目的地在哪儿。当下最新技术的利用方便了观众的观展，易于理解，也不会被平面的地图所束缚。

2. 触感指示

在设计中考虑无障碍设计中的展厅平面结构引导。设计师应当同时注意残障人士关于展厅平面结构设计的辨认。触感指示是导向指引其中一种方式，通过将展厅的特点提炼，演化为盲文或者触觉上的直观感受，方便各种类型的残障人士对展厅平面结构和展厅信息的了解。

3. GPS 导览和观展

在一些展馆的展览中，我们可以通过租借解说机的方式让观众了解展览的平面结构和展览的内容讲解。如北京故宫博物院的数字解说机中安装有定位系统，会在观众到达 GPS 标注的指定区域后自动触发解说，数字解说机向观众解说展览区域所在方位和展区结构，以及具体到每一个展览的建筑空间和展览的故事解说。新的数字化指引形式将会给展览的指示系统带来更大的创造空间，观众的观展流程将会变得更加便利。

（二）展馆路线引导

如果说展馆的展厅平面结构相当于展馆指示系统的骨骼，那么展馆的路线引导则相当于展馆指示系统的血脉。有效的路线引导能够增加观众的观展愉悦度，同时使得展览的观众流动效率更高，减少不必要的观展停滞。设计师应当避免观众迷失在展厅中，注重关于展厅连贯性的设计。设计最优观展路线，是展馆标识导向系统中路线引导的重中之重。

展厅的路线引导可以有多种形式，并不局限于某一传统方式。多种引导形式综合运用，契合本展览的风格才是最为重要的。也可以根据展览的主题设计特殊的展览路线引导方式。如日本京都猫展中的路线引导使用的是猫咪的脚印；再如有一个飞机博物馆中的较暗展厅的路线引导使用的是飞机上的指示灯……

灵活运用多种技术和多重风格来作为展览的路线引导，有利于展览思路的开拓，更有利于展览与观众的亲和度的提升。

（三）展馆内部人流指引

如果展馆的路线引导相当于展馆指示系统的血脉，那么展馆的内部人流引导则相当于展馆指示系统的流动着的血液。展馆的内部人流引导关键在于让观众去到他们想去的地方，让观众不要去到展馆禁止进入的地方。展馆内部的人流指引的另一个关键是要避免人流之间的交叉冲突、避免观众重复进入同一个展厅观展，并且要保证展馆内部的观展秩序。

（四）展览安全疏散

展馆的安全疏散相当于展馆指示系统的免疫系统。博物馆、科技展馆作为城市公共环节中的一环，需要担负相应的社会责任。展馆导向指示系统的设计也是一样，需要遵守相关法律法规，对每一位来访观众的安全负责。因此，在展馆陈列布展系统设计中需要注意关于安全隐患和安全疏散的内容。

安全隐患是指在日常的生产过程或社会活动中，由于人的因素，物的变化以及环境的影响等会产生各种各样的问题、缺陷、故障、苗头、隐患等不安全因素。众多不安全因素在展馆内部比比皆是。如展馆的扶梯处需要设立的"小心碰头"的标识；展馆的卫生间地面区域需要设计"小心地滑"的标识。博物馆、科技馆建筑和布展施工工地上的各种各样的安全标识设计（图3-44）。展馆的台阶和高低差位置需要安置"小心台阶"标识等，处处体现人性的关怀，这些标识的设置都需要标识设计团队认真思考。

图 3-44　各种各样的安全标识设计　　　　　　　　　　　　　　　李 麓

安全隐患的指示提示一方面可以减少安全隐患变成真正的安全事故，另一方面也可以通过提示去针对性检查和处理这样的安全隐患，真正解决问题。

安全疏散是指引人们向安全区域撤离。这一类的标识导向其重要性不言而喻。它的引导保证了展馆施工工地上工人们的生命安全，成为人们生命安全的依靠。例如发生火灾时，引导标识应当准确指引，并指引人们以正确的方式向不受火灾威胁的地方撤离。建筑物应设置必要的疏散设施，如太平门、疏散楼梯、天桥、逃生孔以及疏散保护区域等。应事先制订疏散计划，研究疏散方案和疏散路线，如撤离时途经的门、走道、楼梯等；确定建筑物内某点至安全出口的时间和距离。标识导向设计师应当熟悉并保证安全通道的疏通和安全门的日常维护，以保证在紧急事件发生的时候安全疏散的指示能正常显示和能顺利指引观众安全疏散。

（五）展览公共设施

展馆的公共设施相当于展馆指示系统的器官。

展馆的公共设施将会根据展览的规模和展览的空间设计的不同而有不同的

规划。但是整体上我们可以将其分为几个种类。

基础服务类，基础服务类是指每一个展馆都会拥有的展览设施，主要包括：售票处，检票处，卫生间。基础服务类的导向指示标识应当尽量使用国际通用的指示标识图形，并辅以文字说明，以多种形式向观众直观传达指示信息。

衍生服务类是指不同的展馆根据规模大小和展馆的特点以及展馆的服务性所设置的展馆设施。展馆设施包括：排队等候区，存包处，安检处，咖啡厅，展馆商店等。衍生服务类的标识设计在力求图形标识辨识度的同时，可以注意增加展馆的特色，将视觉元素与展馆气质融为一体。打造特色展馆，营造人文展览。

展览的公共设施指引是方便观众在观看展览的同时，在展览中体会展厅的服务态度的重要环节。

从水泥丛林的城市中到具体的展馆区域，从展馆区域再到每一个展馆细节。尊重展览，体谅观众，明确指示，气质突出。一个完美的展馆标识导向系统将观众们指引导向正确的方向，为观众所想，把观众在展馆中的参观体验放在心头。展馆标识导向系统也是博物馆、科技展馆设计中体现展馆特色和人文关怀的最佳指标。

博物馆和科技展馆的形式设计创意是科技展览的策划与设计中的灵魂所在，博物馆、科技展馆与科技展览的空间设计创意问题直接关系到这个展馆的布展能否成功、展馆的布展形式设计是否有趣味、是否吸引人、是否留住人。故多年来展馆的空间形式创意一直为设计理论家们和设计师们所关注。在展馆布展的形式设计创意中，形式设计程序是不可避免的，违反设计程序走捷径短期内取得好的效果，犹如拔苗助长。在布展形式设计中的视觉传达设计一直是正确表达展览主题、面向科学、面向观众、面向未来描绘出来的精彩蓝图，更是弘扬科学精神，传播科学思想，普及科学知识的直接载体。

本章思考题：

1. 科技展览的形式创意设计的重点？
2. 科技展览形式创意中视觉传达设计的意义？

参考文献

［1］怀特海. 科学与近代世界［M］. 何钦，译. 北京：商务印书馆，2012.

［2］格伦瓦尔德. 技术伦理学手册［M］. 吴宁，译. 北京：中国社会科学文献出版社，2017.

［3］北京照明学会照明设计专业委员会. 照明设计手册［M］. 北京：中国电力出版社，2006.

［4］阿姆布罗斯，佩恩. 博物馆基础［M］. 郭卉，译. 南京：译林出版社，2016.

［5］朱利耶. 设计的文化［M］. 钱凤根，译. 南京：译林出版社，2015.

［6］后藤武，佐佐木正人，深泽直人. 设计的生态学：新设计教科书［M］. 黄友玫，译. 桂林：广西师范大学出版社，2016.

［7］靳埭强，潘家健. 关怀的设计——设计伦理思考与实践［M］. 北京：北京大学出版社，2018.

［8］李跃进，吴诗中. 为博物馆而设计——中国博物馆协会陈列艺术委员会论文集［C］. 北京：文物出版社，2016.

［9］国务院办公厅. 全民科学素质行动计划纲要实施方案（2016—2020年）［M］. 北京：科学普及出版社，2016.

［10］诺曼. 设计心理学2：如何管理复杂［M］. 张磊，译. 北京：中信出版社，2011.

［11］诺曼．设计心理学4：未来设计［M］．小柯，译．北京：中信出版社，2015.

［12］斯米尔．材料简史及材料未来——材料减量化新趋势［M］．潘爱华，李丽，译．北京：电子工业出版社，2015.

［13］普尔曼．展览实践手册［M］．黄梅，译．武汉：湖北美术出版社，2011.

［14］吴诗中．虚拟时空——信息时代的艺术设计及教育［M］．北京：高等教育出版社，2015.

［15］吴诗中．展示陈列艺术设计［M］．北京：高等教育出版社，2012.

［16］帕帕奈克．绿色律令——设计与建筑中的生态学和伦理学［M］．周博，赵炎，译．北京：中信出版社，2013.

［17］布罗克曼．平面设计中的网格系统：平面设计、字体编排和空间设计的视觉传达设计手册［M］．徐宸熹，张鹏宇，译．上海：上海人民美术出版社，2016.

［18］中华人民共和国国家质量监督检验检疫总局，中国国家标准化管理委员会．CB/T 23863—2009博物馆照明设计规范［S］．北京：中国标准出版社，2009.